JN264123

不完全性定理とはなにか

ゲーデルとチューリングの考えたこと

竹内　薫　著

ブルーバックス

カバー装幀／芦澤泰偉事務所
カバー写真／ＰＰＳ
イラスト／角　愼作
もくじデザイン／中山康子
図版／さくら工芸社

プロローグ
「心優しきプログラマーさんの悩み」

あ、パソコンがフリーズしちゃった！　全身から血の気が引いてゆく。背筋に悪寒が走る。なにしろ、徹夜の作業がすべて消えてしまう可能性があるのだ。

実際、一昔前のパソコンだったら、フリーズして、それでおしまいだった。泣こうが喚《わめ》こうが、消失したデータは返ってこない。仕事を数分おきにセーブしていなかった自分の責任だ。

ちょっとフリーズの極限状況を考えてみよう。

たとえばあなたが株をやっていて、運悪く「大暴落」の瞬間に遭遇してしまったとしよう。あなたの財産はほとんどが株式になっている。今すぐに手を打たないと大変なことになる……と、被害を食い止めるために株を売ろうとした瞬間、あなたのパソコンがフリーズした！　もはや、御愁傷様としかいいようがない、最悪のシチュエーションだ。呪ってやる〜。

まあ、パソコンをつくっている会社も、これほどではないにしろ、フリーズの怨念の深さに気づいたのか、データを自動セーブする仕組みを開発したりして、人々が運命の波に翻弄されるのを避けようとしてきた。

おいおい待てよ、竹内薫は、いったい何が言いたいのか。

いや、もちろん、フリーズの背後にある問題について考えてみたいのだ。それが本書のテーマと深く関係しているから。

パソコンは「プログラム」で動いている。プログラマーは「C」とか「BASIC」とか「LISP」といったプログラミング言語を使っている。日本語でも英語でも、同じ内容を伝えることができるのと同じで、どのようなプログラミング言語を使っても、パソコンに命令を伝えることが可能だ（ただし、言語によって得手不得手があり、また、できないこともある）。

みなさんがよく使うパソコンソフトやスマホのアプリなども、みんなプログラムの集まりにすぎない。

で、このプログラムの正体は何かといえば、なんと「計算」なのだ。その証拠に、たとえばワープロで使われるすべての文字には、対応する「数字」が割り当てられていたりする。

誤解のないように書いておくと、会社の経理ソフトもたしかに計算だが、ここで言う「計算」は、もっと根源的なものを指している。経理ソフトの計算は人間界における計算だが、その計算をおこなうのはパソコンのプログラムであり、そのプログラム自体が計算なのだ。だから、デジカメの写真現像ソフトのプログラムも計算だし、文章を書くワープロのプログラムも計算なのだ。

あたりまえと言えばあたりまえの話だ。

そもそもパソコンはパーソナル・コンピュータの略であり、コンピュータは「計算機」という意味ではなかったか。


おいおい待てよ、竹内薫は、いったい何が言いたいのか。


ええと、ようするに、パソコンやインターネットを使う仕事は、すべて、プログラムのレベルにおいては「計算」だ、ということを確認したいのである。そして——ここが重要なのだが——フリーズという現象は、計算がうまくいっていないことを意味する！

うん？　計算がうまくいっていない？　それは具体的にはどーなってんの？

実は、フリーズにもいろいろな原因があるのだが、その一つに「無限ループ」の存在があげられる。

プログラムの多くは「くりかえし」の方法で計算がおこなわれる。学校の数学の時間に「帰納法による証明」というのを必ず教わるが、アレである。実生活には全く必要ないから、学校を卒業すると、ほとんどの人は忘れてしまうが、目の前のパソコンの中で、帰納法は地道に使われていたんですねぇ（本書117ページ以降を参照）。

で、無限ループというのは、その計算が文字通り、無限にくりかえされてしまう現象を指す（ループは「環《わ》」という意味）。くりかえしの計算では、計算が1行目から始まって、いったん最終行の一つ手前までいくと、ふたたび1行目に戻る。もちろん、帰納法はくりかえし作業であり、1行目に戻ること自体は問題ない。だが、やがて、どこかで計算を終えて、最終行の命令――すなわちEND――に到達しないとまずい。

万が一、「永遠にくりかえし続ける」ことになったら、パソコンは、あなたに応答することすらできない。無限ループの計算に手一杯で、あなたがキーボードやマウスから命令を伝えても、その命令を処理することができなくなってしまう。

つまり、無限ループにハマったパソコンは、必死に計算を続けていて、パソコンは計算の負荷のせいで過熱しているのだが、あなたに反応しないため、まるで凍った（フリーズした）ように見えるわけなのだ。熱いのに凍ってしまう。なんとも皮肉な話である。
さて、われわれユーザーのストレスを軽減するために、心優しきプログラマーさんが妙案を思いついた。

心優しきプログラマーさんの妙案　パソコンに搭載する、あらゆるプログラムについて、事前に「無限ループに陥るか否か」を検査したらどうか

ありがとう、心優しきプログラマーさん。そうしてくだされば、われわれのパソコンが無限ループに「乗っ取られる」心配はなくなる。あらかじめ心配の種を摘み取ってしまえばいいのですな。

もちろん、いちいち人間が検査していては日が暮れてしまうから、検査用のプログラムを書く必要がある。そのプログラムは、心優しきプログラマーさんが書いてくれるわけだ。

ところがところが！　いざ、仕事を始めた心優しきプログラマーさんは、すぐに顔が曇ってしまう。がんばって検査プログラムを書いても、どうしてもうまくいかない。失敗に次ぐ失敗。問題点を改善して、新たな検査プログラムを書いても、さらなる問題が生じ、まるでイタチごっこである。

心優しきプログラマーさんは、とうとう音《ね》を上げて、鬼の先輩プログラマーさんに相談した。するると、先輩は、一言、

「ゲーデルとかチューリングとか知ってるかぁ？」

とだけ呟いて、すぐに自分の仕事に戻ってしまった。

うん？　ナニソレ？　経済学部出身で、会社に入ってからプログラマーになった、心優しきプログラマーさんは、初めて耳にする名前だ。情報科学科出身の鬼の先輩プログラマーさんは、おそらく学校でふつうに教わったんだろう。きっと大昔のプログラマーの名前なんだろうな。

そして、本屋さんに行って、心優しきプログラマーさんは、たまたま平積みになっていた『不完全性定理とはなにか　ゲーデルとチューリングの考えたこと』という本を手に取った。表紙にゲーデルとチューリングの名前が出ていたからだ。

パラパラとページをめくっていた心優しきプログラマーさんの目は、本の中程で出会った「無限ループに陥るか否かを検査する万能プログラムは存在しない」という文句に釘付けになってしまった。

なんだ、そうだったのか！　自らの試みの無益さに愕然とした心優しきプログラマーさんは、本を飛ばし読みして、どうやら、無限ループの問題を追究したのがアラン・チューリングという数学者であり、彼こそが現代のパソコンの元祖であることを知る。さらには、パソコンでの「計

すべての
プログラムを
調べるぞ！
PROGRAM
すべての
・・・
PROGRAM
すべて
・・・

算」というより、数学の「証明」という視点から、同じ問題を追究した先駆者がいたことを知る。彼の名はクルト・ゲーデル。ふーん、あのアインシュタインの同僚だったのか。

本を買うかどうか迷って、冒頭の「プロローグ『心優しきプログラマーさんの悩み』」を読み始めた心優しきプログラマーさんは、そこに自分のエピソードが書かれていることを知り、なんだか頭がくらくらしてきた。

いったい、なにがどうなっているのだ？　まるで得体の知れない世界に迷い込んだような気分だ。私の名前はアリスだったかしら？

すると突然、背後からポンと肩を叩かれた。振り向くと、そこには無精髭を生やした中年のおじさんが立っていた。

「今のあなたの状況こそが、チューリングやゲーデルの方法の根本、すなわち『自己言及』っていう奴ですよ」

「はぁ？　あなた誰ですか」

「や、失敬。通りがかりのしがないサイエンス作家です」

「ふーん、前にどこかでお会いしましたっけ？」

「答えはイエスあんどノー」

「はぁ？　なんか矛盾してませんか」

「ほぉ、では私が矛盾してることを証明できますかな？」

「だって、イエスあんどノーなんて言ってる時点でおかしいでしょうが！」

「たしかに……でも自分じゃわからないもんなんです。あなただって、ご自分が整合的だって証明できますか？　あなたは決して矛盾したことを言わない人なんですか」

おじさんの「禅問答」に心優しきプログラマーさんは吹き出しそうになってしまった。

「ぶぶぶ！　私は職業柄、かなり論理的な人間だという自負があります。矛盾したことなんか言いませんよ」

「しかし！　あなたというシステムが整合的であるかぎり、『システム内で自らの整合性は証明できない』。それこそ、ゲーデルの第2不完全性定理の教えるところですぞ」

「意味わかんないけど、いま第2って言いました？　じゃあ、第1もあるんですか」

「あります。第1不完全性定理は『数学的に正しいけれど証明できないことがある』と教えてくれます」

「またまた矛盾してませんか？」

「いいえ。あなたの頭の中には、数学的に正しい、つまり真であることと証明できることが等しい、という前提があるんじゃないですか。でも、その前提はまちがっている」

「で、でも、学校で定理を証明するでしょう。定理は真だからこそ証明できるんじゃないんですか」

「ま、学校で教わることはそうですが、ゲーデルは極限状況を考察したのです。その結果、自己言及の方法によって、真偽という概念と証明可能か否かという概念が微妙にズレていることを発見したのです」　忠告
（忠告：ここで眉間に皺《しわ》が寄ってしまったハイエンドアマチュアの読者は、このプロローグを読むのはいったん中断して、119ページあたりをお読みください）

おじさんは謎の笑みを浮かべている。心優しきプログラマーさんは質問を続ける。

「うーん、ところで、そもそも、チューリングとゲーデルってどう関係するんですか？」

「そうですね……ゲーデルは、数学者が紙と鉛筆で証明をおこなうプロセスを厳密に考察しました。その結果、算数の計算ができるような理論があったとして、その理論の内部では証明できないことがある、という結論に達しました。で、チューリングは、証明のかわりに計算の本質を追究した結果、無限ループに陥って計算が終わるかどうかわからない、いいかえると、計算できないことがある、という結論に達しました。どうです？　似てませんか？」

「なるほど、ようするに証明と計算は同じということですか」

「はい、ゲーデルが考えた『証明できない文』は、基本的にチューリングが考えた『計算が終わらないプログラム』と同じなのです。それが、鬼の先輩プログラマーさんがゲーデルとチューリ

ングの名前をあげた理由なんでしょうな」

心優しきプログラマーさんは背筋にゾッとするものを感じた。

「あ、あなた、なんで鬼の先輩プログラマーさんのアドバイスを知ってるんです？　いったい、あんた何者？」

「さきほどのあなたの質問にお答えしましょう。私はあなたに会ったことがある、つまりイエス。でも、会ったことはない、つまりノー。そのこころは……私はあなたた自身なのですよ。自己言及というやつですな」

おじさんは、カッカッカッカと花咲爺さんみたいに哄笑すると、踵《きびす》を返し、何事もなかったかのように歩き始めた。

魔物に魅入られたかのように動きが止まっていた心優しきプログラマーさんが、われに返り、あわてて呼び止めようとすると、もうおじさんの姿はどこにもなかった――。

もくじ

第2章 ラッセル卿の希望を打ち砕いたクルト・ゲーデル ―― 69

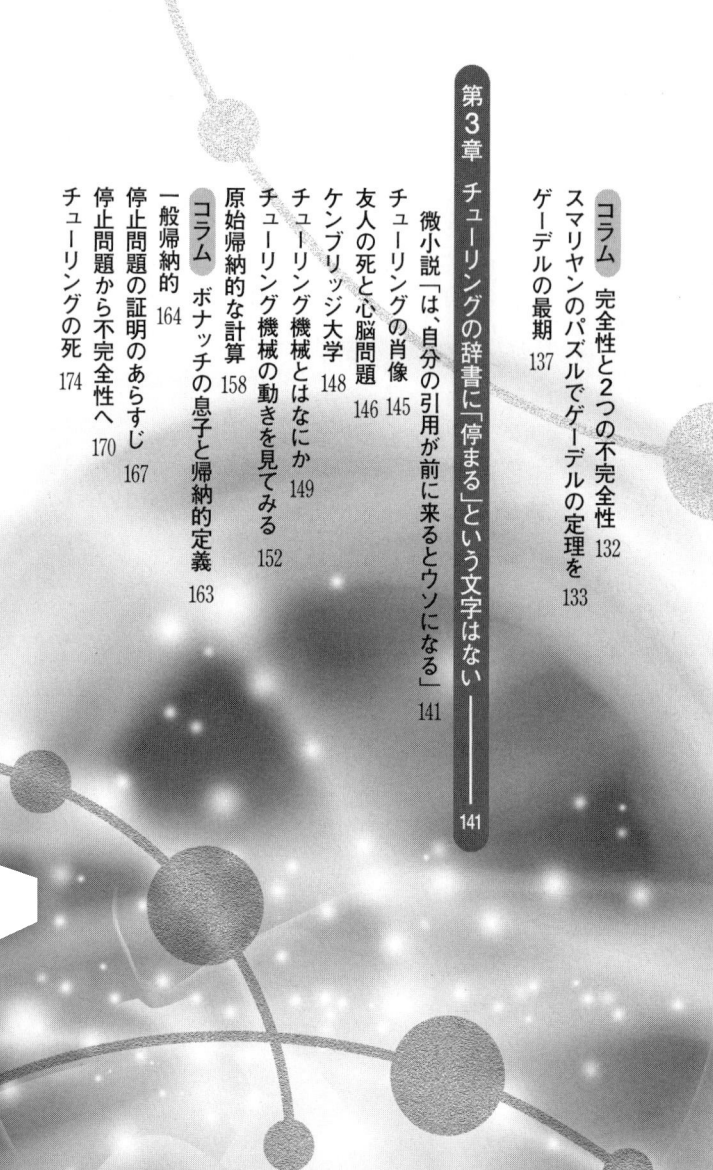

第0章　こころの準備

この第0章は、プロローグでこころが乱れてしまった読者に落ち着いてもらうための準備である。

まずは、本書に出てくるいくつかの概念について比喩的に説明してみたい。それから、私が「3ワカラン」と称する、難解な学問について少し触れて、この本の読み方を提案してみたい。

まわりくどいかもしれないが、もともと難しい話題を扱っているので、いきなり訳の分からない概念が登場したら、読者がめんくらってしまう恐れがある。

人間は初めてのものを怖がる習性がある。しかし、顔なじみになっておけば、町で出会っても「オッス」と気軽に声をかけることができる。科学や数学の概念も同じだ。そこんとこ、ヨロシク。

■公理から集合まで

本書に登場するキーワードがいくつかある。なかには、あまり聞き慣れない言葉もある。たとえば、

公理系
推論規則
算術
超数学

といった言葉だ。

逆に、誰でも学校で教わったことがあるけれど、まったく予想外の展開が待っている言葉もある。

集合

がそうだ。

順番にさらりと説明していこう。

「公理系」というのは、数学の証明における「前提」にあたる。何事もゼロからは生まれない。学校で教わる数学の証明は、かならず前提から始めて、論理的なステップを経て、Q.E.D.（＝証明終わり）へと至るのであった。思い出してほしい。

たとえば三角形があったとして、それが二等辺三角形なのか、正三角形なのか、その面積はいくつなのか……。なにげなくやっているかもしれないが、そこには常に疑いようのない始まり、いいかえると「自明な前提」が存在する。その自明な前提を公理と呼ぶのだ。いくつか例をあげてみよう。


（公理の例1）2点が与えられたとき、その2点を通る直線を引くことができる

これはユークリッド幾何学の公理のひとつだ。なんだか、あたりまえすぎますよねぇ。てゆーか、あたりまえだからこそ公理なのであり、あたりまえでなかったら、証明しなくてはいけない。

あるいは、

ペアノ

University of St Andrews Scotland HP

（公理の例2）どんな自然数にも「次」の自然数が存在する

というのは「ペアノ算術」の公理である。イタリア人のジュゼッペ・ペアノさんが「算術」の構造をまじめに考えて、そこからあたりまえすぎて証明できないことを抜き出してくれたのだ（95ページ参照）。

ちなみに、算術も算数も英語では「arithmetic」で同じだが、なぜか日本語では区別する。公理化されたほうは算術と呼び、小学校で教わるのは算数と呼ぶ。また、あとで出てくるが、「初等数論」と訳されることもある。みーんな「算数」のことだと思っていただいてさしつかえない。

5という自然数の次は6である。1000000の次は1000001である。どんなに大きな数でも、必ず「次」は存在する。それに対して「なぜ？」と問うても、「証明してよ」と要求しても無駄だ。あたりまえのことだから公理なのだ。小学校で教わる算数みたいに簡単なものにも公理は存在するんですなぁ（公理系のわかりやすい比喩は98ページ）。

（公理の例3）なにも含まない集合が存在する

これは学校で教わる集合に出てくる空集合のことだ。φ《ファイ》もしくは｛｝という記号であらわすのであった。「どうしてなにも要素がないの？」という質問は意味をなさない。あたりまえだから公理なのだ。

集合の話が出てきたので、つけくわえておくと、本書に出てくる集合は、中学や高校で教わるものとは質がちがう。学校で教わるのは、要素の数に限りがある「有限集合」だが、この本に出てくる集合は「無限集合」。実は、話が面白くなるのは、要素の数がいくらでもある無限集合なのだ（第1章のカントールのところで少し詳しくご紹介する）。

さて、公理ばかりでは数学にならない。数学者は「定理」を証明するのが仕事だが、証明とは、公理から推論規則を使って定理を導くプロセスにほかならない。

三段論法とか背理法とか、学校で教わりましたよね？　ああいうのが「推論規則」の例だ。自明な前提である公理から始めて、場合によっては、すでに証明されている定理を使って、推論規則を駆使して、さらなる定理を証明する。それが数学なのである。

「あれ？　数学って、証明のほかに計算もやるんですけど。計算は数学といわないんですか？」

いや、ごもっともな質問恐れ入る。

もちろん、計算も数学の重要な要素だ。でも、計算というのは、計算規則のことであり、ようするに推論規則と同じ役割を担っている。

「でも、証明は言葉で書くけれど、計算は数字を書くだけだよ」

はい、仰せの通りでございます。あなたは正しい。実は、この想定問答に、本書の鍵のひとつが隠れていたりする。

証明は日本語や英語で書くけれど、計算は数字で書く。言葉で書く証明のプロセスと、数字で書く計算のプロセスが同じ役割を担っているのなら、言葉を数字に、あるいは逆に数字を言葉に「翻訳」することが可能なはずだ。なんと、それが第2章に出てくる「ゲーデル数」のお話なのです！

さて、いろいろなキーワードを説明してきたが、最後に「超数学」（メタマセマティックス、metamathematics）という言葉である。これは端的にいえば「数学について数学する」という意味だ。さきほど、数学者は公理に推論規則をあてはめて定理を証明するのが仕事だと書いた。それは卑近な例でいえば、数学内の「2つの三角形は合同だ」とか「$(x+y)$ を100乗したときの $x^{50}\times y^{50}$ の係数は〜だ」というようなこと。でも、「算数ではあらゆることが証明できる」（←これは正しくない）とか、「数学には計算できないことも存在する」といったような、数学全体にかかわる「定理」を証明するには、どうすればいいのか。数学の中で延々と証明を書き連ねても、あるいは、どんどん計算を続けていっても、数学そのものがもっている性質のようなものは証明できない。

さあ、困った。

問題は、数学者が使う厳密な方法、すなわち、公理と推論規則を使って、どうやったら、数学自身について語ることができるか、である。こればかりは、どうしてもいったん数学の「外」に出て、上から目線で数学の全体像を眺めるよりほかない。

それを「超数学」と呼ぶ。「メタフィクション」という文学用語をご存じの読者は、「ああ、アレに似ているな」と気づかれたかもしれない。

メタフィクションでは、劇中劇のような状況が出現する。あるいは、あまり私は好きでないが、映画の最後に「すべて夢でした」という夢オチというのもある。フィクションの中にフィクションがあるのがメタフィクションだ。

数学そのものについて数学の方法で考えることは、フィクションの中でフィクションの手法を使うのと同じ構造なのである。

ゲーデルのやったことは、基本的には、数学におけるメタフィクションにほかならない。メタフィクションは、理解しようとする人にしか理解できない。ちゃんと考えていないと、どのレベルの視点からストーリーを見ているのかがわからなくなり、レベルの混同が起こって、「こんなのつまらない！」と本を投げ出したり、上映途中で映画館を出たりするはめになる。

もちろん、メタフィクションの真骨頂は、意図的なレベルの混同にある。筒井康隆さんの作品が、かつて朝日新聞に連載されたとき、読者から「著者は頭がおかしいから連載を中止してほしい」という要望が寄せられた、という話を聞いたことがある。

実は、ゲーデルの証明には、意図的なレベルの混同が出てくる。なにしろ、算数では計算できないことがある、ということを、算数の計算で示してしまうんだから。

この意味で、ゲーデルは稀代のサイエンス作家だったともいえる。

■いわゆる3ワカランについて

科学の歴史をかえりみると、概念的な「飛躍」を必要とする知の革命がいくつかある。飛躍できないと「ワカラン」ということになってしまう。私見では、アインシュタインの相対性理論と量子論とゲーデルの不完全性定理が20世紀の「理数系3ワカラン」という気がする。この3つは、いくら知識が増えても、飛躍がないと理解できない、なんとも不思議な連中なのだ。

理数系と言ったが、実は、アートの世界でも同じことが起きている。ピカソ以前と以後とでは、絵の「見方」が変わってしまった。古典絵画を見る目では、抽象絵画は理解できない。近頃、人類は、やたらと飛躍が必要なのです。音楽や文学でもみーんな同じ。

サイエンス作家である私は、特殊相対性理論を四則演算（＋平方根）だけで理解できる本も書いたし、量子力学のコンセプトをマンガで伝える本もやった。で、やり残していた3ワカランの最後の一つを扱うのが本書、ということになる。

この本では、物理学と哲学を少々専門的に勉強したことのあるサイエンス作家が、かつて読み耽った教科書を復習しつつ、読者とともに、不完全性定理を紐解《ひもと》いてゆく。自分が学生のときに、よくわからなかった点も、今回はしつこく追究し、読者を「中級の一歩手前」くらいまで導くことが最終目標だ。

本書は、「単なるお話」と「教科書」の中間に位置する。だから、この本を読んで得をする読者は、きわめて少数かもしれない。私としても、こういうニッチな仕事よりも、『ビジネスマンのためのフェルミ推定』みたいな本を書いたほうがお金が儲かるのだが、数年に一度くらい、自らの知的好奇心に正直にニッチな本を書く、ということがあってもいいように思う（妻よ、子よ、身勝手なパパを許せ）。

■この本の構成と読み方

本書の各章は、だいたい不完全性定理の歴史の順に並んでいる。第1章は「ゲーデル以前」の無限にまつわる話であり、第2章がゲーデルが考えたこと、第3章がコンピュータ時代に欠かせないチューリングの話、そして第4章が「現代」と「素朴な疑問」を扱っている。最後はおまけみたいなものだが、チャイティンのΩ《オメガ》数から、70年代に発展した様相論理と不完全性定理の証明、さらには、不完全性定理と物理学の関係や、物理学に登場する不確定性原理との関係（？）などを扱っている。中には答えが出ない疑問もあるが、私なりの考え（妄想）を書いてみた。

さて、本書の読み方である。

時間がなくて、とにかくゲーデルの不完全性定理の「あらすじ」を知りたい読者は、まず第2章を読んでみてください。また、これまで何冊も不完全性定理の証明を読んだけれども、あまりよくわからなかった、という読者は、チューリング経由の証明の筋道をたどる第3章、それから第4章の様相論理から派生した証明のあたりを読んでみてください。もしかしたら、目から鱗の体験ができるかもしれない（ただし、理解できた、という感覚は個人差が大きいので、保証の限りではありませんゾ、あしからず）。

不完全性定理は数学のお話なのだから、まったく数式を使わずに解説する、というのはナンセンスのきわみだ。だから数式は自然体で使う。数式が苦手な読者は適当に飛ばし読みをしてくださって結構だが、くれぐれも読み急がないでください。数学と哲学の本は、すべからくスローリーディングに徹すべし。

本書の隠れテーマは「とあるサイエンス作家の不完全性遍歴」である。おもに科学哲学科および哲学科に在籍していたときに受けた講義や輪読、それから物理学科に在籍していたときに受けたコンピュータサイエンスの授業が、私の不完全性体験になっている。それを書くのであるから、本書には、自分が読んだ本や教わった先生の名前がたくさん出てくる。まるで回顧録だが、同時に「初心者のための読書案内」にもなっているはずだ。本書をお読みになった後で「ここは物足りなかった」と感じたら、その部分で紹介されている参考文献を読んでみてください（巻末にも参考文献をまとめてあります）。

この本は、ゲーデルの定理の〈超〉入門である。よく海外小説や古典の「超訳」というのがあるが、ほぼ、そういう系統の本に近い。将来、専門家になるような人は、頑張って原書を読めばいい。今の場合、ゲーデルの原論文やきちんとした教科書を読めばいい。そういう人は、まちがっても本書は読まないように。なぜなら、この本は〈超〉入門であり、一生、原論文にも専門の教科書にも縁がない、一般科学・数学ファンのための限定版だから。そこんとこ、ヨロシク。

うーん、いつも前口上が長いので怒られるんですよ（汗）。あらかじめ申し上げておくが、本文中でも、適宜、脱線話が入ります。でも、それが竹内節の真骨頂なので、どうかあきらめて、テキトーに読み進んでください。科学書だって楽しくなくちゃあ意味がない。

それでは、いざ、無限と対角線のはざまに潜む、ゲーデルの世界へ旅立たん！　……、あ、いや、まずはカントールから――。

第1章　無限に挑んだドン・キホーテ、ゲオルク・カントール

◇微小説　「永代就職」

ようやく完成した。

惑星上でかつて出版されたい、い、い、単行本の「最後の一文」をことごとく集め、出版順に番号を振った、完璧な本。この偉業の達成のために、予《よ》は第137代惑星王の権限を最大限に行使し、世界中の新刊単行本の出版を禁止したのだ。無論、この集大成は例外として、最後の一冊として出版されたわけだが。どうだ、編纂《へんさん》委員会付《づき》書記よ。

——惑星王に栄光あれ。ところで、どうしてわざわざ最後の一文を集めたのですか?

ふ、愚問であるな。

世の中に「ダイジェスト」や「誰々の言葉」を集めた本は山ほどある。また、学校でも古典の書き出し部分を暗記させられるであろう。だが、最後の一文など、誰も気に留めないのだ。逆にいえば、これまで見過ごされてきた最後の一文の集大成を編纂することにより、予の名前は不朽のものとなる。

どうだ？　これほどニッチな偉業もまたとあるまい。

——でも、「辞世の句」を集めた本はありますよね？

ふむ、たしかにその類《たぐい》の本は存在する。だが、人間が生まれるのも死ぬのも法律で禁止できない以上、完璧な辞世の句の集大成など編纂することはできぬ。集大成ができた瞬間にも大勢の人の辞世の句が新しく生まれてしまうのだから。よいか？　予が「単行本」に的を絞ったのには理由がある。いくら第137代惑星王の権限が強大だとはいえ、世界中の出版物を差し止めることなど不可能。そこで、新聞と雑誌は「おかまいなし」として、彼らを予の味方につけたのだ。

――たしかに、単行本が禁止されれば、みんな新聞や雑誌に文章を載せるしか選択肢がなくなりますね。新聞や雑誌の価値は高まる。活字界にくさびを打ち込んで仲間割れさせたんですね、なんとずる賢い。

ずる賢い言うな！　一言だけ「賢い」と言いなさい。

コホン、とにかくお前は予の偉業を素直に敬《うやま》えばいいのだ。

――あのう、大変、言いにくいのですが、おそらく読者もとっくに気づいていると思われますので申し上げますね……。この集大成も単行本ですよね。ということは、この集大成の最後の一文に番号をつけて収録するために、新たにまた一冊、集大成を出版しなくてはならないのでは？

またもや愚問であるな。そんなことは先刻承知よ。書記の分際で予を愚弄するつもりか。

――いいえ、決してそんな……。

よいか、この集大成の最後の一文は「ここに、かつて惑星上で出版されたあらゆる単行本の集大成が完成した」である。そして、この文は2346975519593281279番として、ちゃんと本に収録されておる。万事、手抜かりはない。

——はあ、しかし、この集大成には、「かつて惑星上で出版された」本がすべて載っているわけですが、集大成の最後の2346975519593281279番、すなわち「かつて惑星上で出版されたあらゆる単行本の集大成が完成した」は、まだ出版されていない時点で収録していませんか？　それはフライングなのでは？

ぐっ、な、なにを言う……集大成が出版された後でないといかんとな……うーぬ、屁理屈をこねおって……だが、お前の言っていることは論理的に正しいようだ。わかった。惑星王の権限で、ふたたび編纂委員会を召集し、改訂版を出すこととしよう。そして、改訂版が出版されたあかつきには、改訂版の改訂版を、さらに改訂版の改訂版の改訂版……と、改訂版を出し続ければよい。どうだ、これで文句はあるまい。

——はい、文句などございません。ですが、一つお願いがございます。惑星王の偉業の達成のため、わたくしめの子孫に、代々、編纂委員会書記の職を継がせたく、伏してお願い奉る次第にござりまする（ニンマリ）。

■まちがいだらけのカントール

この本のテーマは「不完全性定理の証明のあらすじ」だが、音楽と同じで、主旋律の前には序奏があったほうがよい。いきなりテーマに突入するのは携帯の着メロくらいのものだ。

というわけで、この第1章では、厳密な意味での「無限」の考えを数学に持ち込んだゲオルク・カントールという人物と、無限の意味について書いてみたい。

ゲオルク・フェルディナント・ルートヴィッヒ・フィリップ・カントール（Georg Ferdinand Ludwig Philipp Cantor, 1845〜1918）。やたらと長い名前である。もともとはロシア生まれだが、主にドイツで研究した。

数学者の伝記を書くのに、いきなり最期というのもなんだが、私の脳裏に浮かぶカントールの姿は、「同時代の錚々《そうそう》たる数学者たちに理解されず、精神的に落ち込んで、療養所で死んだ」という暗いイメージ一色だ。

どんな人間の人生にも、一生分の毎秒ごとの出来事があるはずだが、どんなに著名な人物でも、人々が抱いている印象は断片的で不公平なことが多い。人間は言葉をつかう生き物なので、短い言葉でレッテルを貼ってしまうのだ。言葉でまとめてしまうのが人間の宿命なのかもしれない。

カントール　©Granger/PPS

カントールは真剣に無限について考察し、画期的な論文を書いたが、彼の結論は、それまでの数学界の常識では理解できない代物《しろもの》だった。

当時の著名な数学者でベルリン大学教授だったレオポルト・クロネッカーは、カントールの無限に関する考察を一蹴《いっしゅう》し、自分が管轄する専門雑誌にカントールの論文を載せることを拒絶した。

「整数は神の作ったものだが、他は人間の作ったものである」

という信念をもっていたクロネッカーにとって、実数やら無限やらは、とうてい信じられないものだったのかもしれない。

クロネッカーは決して馬鹿ではなかった。それこそ、「クロネッカーのデルタ」といえば、物理学でも頻繁にお世話になる関数だ。記号ではδ_{ab}。この関数はaとbが等しいときは「1」という値をとり、等しくないときは「0」になる。相対性理論の計算にもよく出てくる。理数系の学問をやっていてクロネッカーの名を知らぬ者はいない。

クロネッカーは他にもさまざまな業績を残しており、大数学者といっていい。しかし、彼には、次世代の数学者であるカントールの考えは全く理解できなかった。

クロネッカー　©akg/PPS

実をいえば、数学に限らず、それまでの学問の常識を覆すような大発見の場合、同世代の碩学《せきがく》たちが拒絶反応を示すことはめずらしくない。アインシュタインの相対性理論の場合も、ノーベル賞物理学者のレーナルトが「相対性理論はまちがっている」と主張し続けたし、量子力学の黎明期《れいめいき》にも古典力学の大家《たいか》たちからの反対はすさまじかった。革命的な相対性理論を創始したアインシュタインでさえ、確率が支配する量子力学については

「神はサイコロ遊びをしない」と言って、生涯、認めようとしなかった。

逆に言えば、カントールの無限に関する洞察は、数学に「革命」をもたらすほど鋭かったから、当時の大家たちの反発を招いたのだ。

もちろん、今だからこそ、こうやって客観的に当時の状況を分析することができるのであり、カントール自身は、「これだけ大家たちがまちがっている、と騒ぐのだから、本当に自分は頭がおかしいかもしれない」という不安にかられ続けていた。数学者という、真理を追究する人種にとって、自分の打ち立てた理論が完全にまちがっている、というのは、耐えがたい屈辱であり、精神的な拷問といっていい。

数学革命を起こしたカントールは、ハレ大学で教鞭をとっていたが、決して、最高峰のベルリン大学に呼ばれることはなかった。

カントールは次第に精神を病み、最期はハレのサナトリウム(長期療養所)で亡くなった。精神を病んだ一因は、クロネッカーによる執拗な人格攻撃だったともいわれるが、さだかではない。

■無限ホテルの怪

私自身がカントールの無限世界に触れた最初は、マーチン・ガードナーのパズル本だったように思う。そこにはユーモラスな漫画とともに無限ホテルが紹介されていた。無限ホテルとは、文

N + 1
4
3
2
1

字通り、部屋が無限にたくさんあるホテルのことだ。（87ページに出てくる）ダフィット・ヒルベルトが最初に思いついたといわれている。そんなホテルがこの宇宙にあるとも思われないが、とにかく、数学的にはそんなホテルが存在することが可能なのだ。

あなたは無限ホテルのレセプションで「ただいま満室です」と言われる。しかし、満室であるにもかかわらず、あなたがこのホテルに泊まる方法がある。なんと、全ての宿泊客に一つずつ部屋をずらしてもらうのである。つまり、今、1号室に泊まっている客は2号室に、2号室に泊まっている客は3号室に……1001号室の客は1002号室に……という具合に、「ご自分の部屋より1つ番号の大きな部屋にお移りください」と館内アナウンスを流せばよい。部屋数が有限なホテルだったら、最後の客があぶれてしまうが、ここは無限ホテルなので、いくら部屋の番号が大きくなっても、必ず、1つだけ番号の大きな部屋が存在する。誰もあぶれることはない。そして、あなたは、空室になった1号室に泊めてもらえばよい。

これはもちろん、自然数には必ず「次」があるからこそ可能なのだ。

まあ、少しでも物理学的、建築学的、経営学的なセンスをもっている人なら、無限ホテルなんて変だと思うにちがいない。「有限の時間で無限に大きなホテルなんて建設できないだろう」、「無限ホテルの建設には無限の建材と無限の費用が必要である」、エトセトラ、エトセトラ。

でも、無限ホテルは数学的には可能なのだ。

コラム

無限ホテルのオチ

無限ホテルの話は演劇にもなっている。

別の無限ホテルがリストラで閉鎖され、営業中の無限ホテルに無限の客が殺到することもある。それでも、宿泊客の大移動により、無限の空き室ができて、無事に収容できる。話はどんどん大きくなり、無限に大きな宇宙にある無数の銀河から、一軒の無限ホテルに客がやってくる。それでも、n番のホテルのm号室から来た客を$2^m\times3^n$号室に案内すれば収容できてしまう！（どんな自然数も素因数分解ができて、それは一通りに決まるからである。この話はあとで出てくるゲーデル数と関係する）

もちろん、こんな客の詰め込み方では、（$2^m\times3^n$のmとnに0から順に整数を入れていって）1号室、2号室、3号室、6号室、12号室、18号室……という具合に、ホテルはスカスカになってしまう。それでは儲からない。

実は、その解決策もあるのだ（笑）。

ええと、これ以上、深入りしないが、無限ホテルのオチは秀逸だ。なんと、ホテルのオーナーが疲れてしまい、おまけに銀河系規模の不況が続きそうだ、ということになり、無限ホテルは（その対極にある）「ゼロ・ホテル」に鞍替《くらが》えしてしまう。部屋はゼロ、客もゼロ、職員もゼロ、経費もゼロ、ロビーには何もえがかれていない現代絵画がかけられ、無音の音楽が流れているのだとか……。

■偶数も奇数も無限個あるけれど

人間は、生まれつき数の概念をもっているようで、幼い子供でもすぐに「ひとーつ、ふたーつ、みーっつ」と数え始めるが、数が大きくなると、直観では理解できなくなるようだ。

小学生くらいになると、どちらが大きな数をいうことができるかで競い合ったりする。「百」、「千」、「万」、「1億」、「1兆」、「1京《けい》」、「1垓《がい》」などと順番に大きくなっていくが、必ず、途中をぜんぶ飛ばして「無量大数！」という奴がでてくる。子供のあいだでは、それより大きな数はないはずだから、それで終わりと思いきや、「無量大数＋1」と、トンチまがいの答えを発見する子もいて、しまいには口喧嘩になったりする。

なんでこんな話をしているかというと、カントール以降の数学の無限を理解するには、「無量大数＋1」というトンチみたいなセンスが必要になるからだ。子供の世界の無量大数は、数学でいうところの「無限」だが、それに1を足すという行為は、無限そのものを「数」と認識することにほかならない。

そこで問題になるのが、無限と無限＋1の大きさの比較である。そもそも「数えられないほど大きい」という意味をもつ無限なのだから、それにちっぽけな1を足したからといって、大勢に影響はでないだろう。そう考えることもできるし、逆に、無限といえども数にはちがいないのだから、それに1を足したら、確実に大きくなる、と考えることも可能だ。

いったい、どちらが正しいのか。

そこら辺を理解するために、教科書に必ずでてくる、奇数と偶数と自然数の大きさの比較をしてみたい。

自然数というのは、1、2、3、……、1000、……、1万、……、1億、……、無限のこと。人間が自然に認識できる数、というような意味だとお考えください（自然数にゼロを含めることもある）。

ご存じのように、自然数のうち、1、3、5、……を奇数、2、4、6、……を偶数と呼んでいる。つまり、自然数は奇数と偶数からできているわけだ。

自然数は無限にたくさんある。終わりはない。正の偶数も無限だし、正の奇数も無限だ。ここで先ほどと同じような「概念の問題」にぶちあたる。無限個の自然数と、無限個の奇数と、無限個の偶数のうち、どの無限がいちばん大きいだろう。あるいは、どの無限も同じなのか。

人間の脳ミソは有限の数しか直観的に理解できないから、常識的な答えは次のようになる。

常識的な答え　奇数の無限と偶数の無限は同じで、自然数の無限はその2倍

そりゃそうだろう。「奇数の集合＋偶数の集合＝自然数の集合」という図式から、答えは明らかと思われる。

ところが、この常識的で直観的に正しいと思われる答えは、カントール以降の数学においては「まちがい」なのだ！　正しくは、次のようになる。

正しい答え　奇数の無限と偶数の無限と自然数の無限はみ〜んな同じ

ええ？　そんなバカな！　初めて無限の数学に接した人は、誰でも驚くが、これが数学的に正しい答えなのである。

数学は直観ではなく「論理」で証明をしていく学問だ。今の場合、1対1対応という具体的な方法で無限の大きさを決めることになる。といっても別に難しいことではない。NHKの紅白歌合戦の最後に赤玉と白玉を1個ずつ会場に投げていって、先になくなったほうが負け、という恒例行事がありましたよね？

あの1個ずつ突き合わせる作業が1対1対応にほかならない。というわけで、奇数と自然数と

奇数
同じ…？
自然数

を次のように1個ずつ突き合わせていってみよう。

奇数	1	3	5	7	9	……
自然数	1	2	3	4	5	……

突き合わせるルールは簡単だ。n番目の自然数に対応する奇数は（$2n-1$）である。このルールはnがどんなに大きくなっても適用可能だ。つまり、奇数組と自然数組の玉は永遠に会場に向かって投げられ続ける。このように1対1対応がつくのだから、奇数の無限と自然数の無限は、同じ大きさであることがわかる。

証明というには、あまりに簡単で、拍子抜けしたかもしれないが、この論理は崩すことができない。

で、同じようにして偶数と自然数の無限も同じことが証明できるから、結局のところ、奇数と偶数と自然数はみな同じ無限個だけ存在することになる。ピリオド。

■順序数と濃度

実は、ここで説明した「個数」は、正確には「濃度」という。

そもそも教科書で無限について学ぶときは、集合論から始まる。カントールは、集合の考えをつきつめて、無限の梯子《はしご》を組み立てていったのだ。「集合とはモノの集まり」のことである。

カントールは、無限を考えるときに、順序数（ordinal number）と濃度（cardinal number、基数）という2つの概念を導入した。

カントールが考えた順序数は、その名のごとく、自然数を無限に並べたときの順番、いいかえると位置を意味する。さきほどは「無量大数」と、半分、冗談で書いたが、無限にはω《オメガ》という記号をあてがう。つまり、

1, 2, 3, ……, ω

だが、この後はどうなるだろう？　当然、

1, 2, 3, ……, ω, ω+1, ω+2, ……

となって、やがては、

$1, 2, 3, \cdots\cdots, \omega, \omega+1, \omega+2, \cdots\cdots, 2\omega$

に到達する。懲りずに続けると、とうとう、

$1, 2, 3, \cdots\cdots, \omega, \omega+1, \omega+2, \cdots\cdots, 2\omega, \cdots\cdots, 3\omega, \cdots\cdots, \omega\times\omega$

になる。これをω^2と書くと、やがては、

$1, 2, 3, \cdots\cdots, \omega, \omega+1, \omega+2, \cdots\cdots, 2\omega, \cdots\cdots, 3\omega, \cdots\cdots, \omega^2, \cdots\cdots, \omega^\omega$

に達する。もう最後の奴だけ書くと、

$\omega^{\omega^\omega}\cdots\cdots$

となって、無量大数どころか、きりがない。

次に、濃度（もしくは基数）である。こちらは、集合同士の大きさを比較する概念だ。自然数の集合の大きさをカントールは$\aleph_0$と名づけた（ヘブライ文字から来ていて「アレフ・ノート」またはは「アレフ・ゼロ」と発音する）。野球やサッカーの選手がつけている「背番号」を思い浮かべてほしい。自然数の背番号がつけられる、いいかえると自然数と1対1対応がつく場合、専門用語で「可算無限」もしくは単に「可算」という。英語ではcountableで、まさに「数えられる程度の濃さの無限」ということだ。

そして、次に来るのが、自然数の集合の「全ての部分集合の集合」の大きさで、$\aleph_1$（アレフ・ワン）と呼ぶ。うん？　全ての部分集合の集合？　ええと、たとえば、

{1, 2}

という要素が2個の有限集合の場合、部分集合は、

{ }, {1}, {2}, {1, 2}

の４つで全てだ。これの集合ということだから、

$$\{\{\ \},\ \{1\},\ \{2\},\ \{1,\ 2\}\}$$

となって、要素は４個。無限集合の場合も同じように考えればよい。この濃度もどんどん大きくなって、

$$\aleph_0,\ \aleph_1,\ \aleph_2,\ \cdots\cdots,\ \aleph_\omega,\ \cdots\cdots,\ \aleph_{\omega^{\omega^{\omega}}}$$

と増え続ける。

慧眼《けいがん》な読者は気づいたかもしれないが、濃度のアレフの添え字が順序数になっている。で、濃度と順序数は、有限集合の場合は一致するが、無限集合の場合は異なる概念なので注意が必要だ。

$$\{1,\ 2,\ 3,\ \cdots\cdots,\ \omega\}$$

の濃度は$\aleph_0$、順序数はωである。でも、これを並べ直して、

$\{2,\ 3,\ \cdots\cdots,\ \omega,\ 1\}$

とすると、濃度は$\aleph_0$のままだが、順序数は$\omega+1$になる。無限であるωの次の順序に1が並んだからである。

有限集合の場合は、濃度と順序数は一致して、ふつうに「個数」といえばいいのだが、無限集合の場合は、「個数」というあいまいな概念ではダメ、ということだ。

さて、ここで、前節の最初の質問に立ち返ってみよう。

「無限と無限＋1は同じかちがうか？」

そう、もうおわかりのように、この2つは、濃度は（自然数と同じ$\aleph_0$で）同じだが、順序数はちがう。

子供は無量大数という具体的な数があるのだと思っているけれど、どうやら、それは順序数のことであり、濃度のことではない。

私たちの世代は、中学校で集合を教わったが、悲しいかな、有限集合しか教わらなかったの

で、部分集合とかやらされても、正直、「なんでこんな退屈なことやってるんだろう?」という印象しかなかった。

本来は、無限集合が出てきて初めて、集合論は面白くなるし、概念が飛躍的に広がる。でも、「中学生に無限は無理」ということで、準備運動で終わってしまっていたのだ。なんと残念なこと!

大学に入って無限集合を教わったとき、ようやく、「中学のアレは準備運動だったのだな」と理解できた。

本書では、ゲーデルとチューリングに集中するため、ほとんど集合論についてはご紹介できない。興味のある読者は、『新版 集合論』(辻正次著、小松勇作改訂、共立出版)、『集合論』(難波完爾著、サイエンス社)、ブルーバックスの『新装版 集合とはなにか——はじめて学ぶ人のために』(竹内外史著) などをオススメしておく。

コラム 集合で数を生む方法

現代集合論を本格的に勉強しようとすると、かなり大変だ。まずは素朴な集合論(=公理化されていない集合論のこと）を勉強して、それから公理的な集合論へと進むのが常道だが、哲学科や数学科の学生でもないと、それだけの時間を確保するのは難しい。

しかし、まったく集合の話に触れないのもなんなので、ここでは、カントールが順序数を構築した方法だけを簡単にご紹介しよう。

まず、要素が一つもない空集合 {} を考える（{} はφ《ファイ》とあらわしてもいい）。この空集合を数字の0に対応させる。

{}　☝これが0です

次に、いま作ったばかりの0を要素にもつ集合を考え、それを1に対応させる。

{0}　☝1であります

2はどうなるだろう。2は、これまでに作った0と1を要素にもつ集合であらわす。

{0, 1}　☝2なのです

同じようにして、

{0, 1, 2} ☝3！（「！」は強調記号であって階乗ではありません）

となり、以下同様。こうやって、まずはωまで作ってしまうわけだ。この「自然数生産機械」は停止することを知らないから、何も要素がない空集合から始めて、いくらでも大きな順序数を構築できる。

今やったことを、振り返ると、

{ } ☝0

{{ }} ☝1

{{ }, {{ }}} ☝2

{{ }, {{ }}, {{ }, {{ }}}} ☝3

……

という具合に、「無」から始めて、整数の世界を作り上げてしまったわけだ。

順序数というと難しく聞こえるが、ようするに自然数の概念を拡張したものであり、「順序がつけられる」、いいかえると順番に並べることができる数、という意味なのである。

■対角線論法

さて、自然数も奇数も偶数も（濃度が）可算無限で同じ、というのは、無限の数学に初めて触れた人には少なからずショックだったかもしれない。でも、あまり心配しないでください。なぜなら、このカントールの論理には、当時の数学者のほとんどがついていかれなかったのだから。とびきり頭のいい大数学者でもなかなか理解できなかった論理なのだから、いくら現代人とはいえ、初めての洗礼ですんなり理解できたら、それこそ大変だ。

で、ここまでは、この章の前座にすぎない。有名ロックスターが登場する前の若手ミュージシャンによる演奏という感じである。

この章の主役は「対角線論法」である。これも、もちろんカントールが考えた。そして、その衝撃は、可算無限の不思議さの比ではない。

心の準備はよろしいですか？

＊＊＊

私が対角線論法について初めて学んだのは『数学基礎論序説』（L・ワイルダー著、吉田洋一訳、培風館）という分厚い翻訳書だった。この本は数学基礎論（数理論理学と集合論）の歴史をたどりつつ、基本的な概念が理解できる良書で、私は科学哲学科の友人たちと一年かけて輪読した覚えがある。

余談になるが、数学にしろ物理学にしろ、革命的な理論が「わからない」と感じたときは、ふつうの教科書ではなく「歴史」を書いた本を読むと、目から鱗が落ちることがある。なぜなら、歴史的な視点で学問の発展を追うことにより、革命前夜の混乱と、革命後の整理整頓された知的状況が俯瞰《ふかん》できるから。当時の人々が抱えていた問題と、その解決、という構図が理解できて初めて、革命の意味が理解できる。そうでなく、教科書でいきなり革命後の説明をされても、そもそもの必要性が感じられず、理解できないほうがふつうなのだ。

この対角線論法を理解すると、カントールの天才が、いかに時代を先取りしていたかが実感できるようになる。

ここで証明するのは「実数も無限にたくさんある。でも、その濃度は可算無限より大きい（濃い？）」ということだ。

以下、竹内流の「ステップ式」理解術で対角線論法のあらすじを追ってみよう。デカルトじゃないが、困難は分割して対処すれば怖くない。

ステップ０　話を簡単にするために０以上１未満の実数を考える。

ステップ１　仮に０以上１未満の実数が自然数と１対１対応がつくとしよう。すると、次のような一覧表を書くことができる。ここには０以上１未満の実数が全て載っている（はずだ）。

ステップ２　この表の対角線に注目して丸で囲んでみる（つまり、２０１２５４６……）。この丸の中の実数（0.2012546……）は、この一覧表のどこかに載っている。なにしろ、この一覧表は、０以上１未満の実数を網羅しているのだから。

ステップ３　ステップ２において丸で囲んだ実数の小数の各桁を全てずらしてみる。ずらし方はどうでもいいが、たとえば「１を足す」のでもかまわない（9+1＝0 とする。つまり３１２３６５７……）。

背番号	実数
1	0.2268794…
2	0.0002655…
3	0.1115554…
4	0.0102032…
5	0.9876540…
6	0.3578444…
7	0.0685176…
⋮	⋮

丸で囲んだ数

0.2012546…

↓ 各桁に1を促す

0.3123657…

この数は表のどこにもない！

カントールの対角線論法

ステップ4　ステップ3で作った実数（0.3123657……）についてじっくり考えてみる。この実数は背番号1（つまり表の最初）の実数ではない。なぜなら小数1桁目が食い違うから。この実数は背番号2の実数でもない。なぜなら小数2桁目が食い違うから。以下同様にして、この実数は背番号nの実数でもない。なぜなら小数n桁目が食い違うから。ゆえにこの実数は自然数と1対1対応で作った一覧表には載っていない！

ステップ5　完璧なはずだった表は完璧でなかった。いいかえると、一覧表には、たしかに可算無限個の実数が載っていたが、「それ以外にも実数は存在する」。さらにいいかえると、「実数のほうが自然数よりたくさんある」。

うーん、なんだか煙《けむ》に巻かれたような気がするかもしれないが、これは学校の数学の証明の時間によくでてくる背理法って奴だ。しょっぱなに「実数と自然数は同じ無限個だけ存在するから一覧表ができる」と仮定し、最後に、その表に載っていない実数を作ってみせ、仮定がまちがっていたことを示すのである。それだけでなく、表からあぶれてしまった実数があるのだから、とにかく、自然数より実数のほうが多いことがわかる。実数の無限のことを「実数無限」と呼ぶ。あるいは「数えられない」という意味で「非可算」ともいう（ただし、数えられない無限が実数無限だけかどうかは、この証明の段階ではわからない！）。↑実際には、数えられない無限はいくらでも存在する（汗）。

このステップ5までの流れが納得できないと、この本の肝であるゲーデルの不完全性定理も絶対に理解できないから、不安な読者はここで先を急ぐのはやめて、もう一度、じっくりカントールの対角線論法を味わってみてください。しばし休憩——。

＊＊＊

いくつか補足しておこう。

すでに出てきたが、可算無限の濃度を記号で$\aleph_0$と書く。$\aleph$はヘブライ語のアルファベットの最初の文字「アレフ」で、英語のAにあたる。可算無限$\aleph_0$の次に大きな無限を$\aleph_1$と書く。その次は$\aleph_2$となって以下同様。で、実数無限は（何番目の無限なのかわからなかったので）単に$\aleph$と書く。

ここで大きな問題は、実数無限$\aleph$が可算無限$\aleph_0$のすぐ次（すなわち$\aleph_1$）なのか、それとも、中間の大きさの無限が存在するか、である。

中間が存在せず、$\aleph = \aleph_1$だとする主張を「連続体仮説」と呼ぶ。これについては次節をご覧ください。

あとでゲーデルの定理をやるときにも同じパターンがあらわれるので注意しておくが、ステップ3で作った実数をむりやり一覧表に載せて、「ほら、あぶれていた実数も載せちゃったから、今度こそ完璧な表ができた！」と言ってもダメである。なぜなら、その新しい表において、ふたたび対角線論法を使って、表に載っていない実数を作ることができるからだ。ようするに、背番号で数えられるような表に実数は入りきらないのである。その理由は、そもそも、自然数の無限と実数の無限が質的にちがうから。そもそも濃さがちがうから、同じ商品棚に陳列するわけにはいかないのである。

■連続体仮説とは

私の盟友の茂木健一郎がどこかで「連続体仮説」を勉強することの重要性を強調していた。私の3ワカランと同じで、彼も人生のどこかの局面で連続体仮説に遭遇し、頭にガツンと一発、大いなる刺激を受けたのだろう。そして、そのワカランの地平を一歩超えたところに、彼は、新たなる知的地平を見たにちがいない。

さて、その連続体仮説は、最初にカントールが唱えた。

連続体仮説　可算無限のすぐ次が実数無限である

いいかえると、可算無限と実数無限の間の「濃度」は存在しない、という主張だ。

カントールは、この仮説の証明が容易だと考えていた節《ふし》があるが、実際には厄介な代物で、カントール自身は証明することができなかった。1900年にダフィット・ヒルベルトがパリ数学者国際会議で有名な「ヒルベルトの23の問題」を取り上げたとき、連続体仮説は、その最初の問題として提示された。

その後、集合論そのものが公理化され、その構造が明らかになると、進展が見られるようになった。1940年にクルト・ゲーデルが「連続体仮説の否定は証明できない」ことを証明し、1963年にポール・コーエンが「連続体仮説は証明できない」ことを証明した（ポール・コーエンは1966年に「数学者のノーベル賞」と称されるフィールズ賞を受賞）。

もちろん、この2つの証明は、現在、標準的に採用されているツェルメロ＝フレンケルの公理系（集合論のさまざまな問題を克服するために、エルンスト・ツェルメロとアブラハム・フレンケルが考案した公理系）においての証明であり、ゲーデルは、そもそもツェルメロ＝フレンケルの公理系に不満を感じていた。つまり、ゲーデルは、将来、ベターな公理系が発見された暁には、連続体仮説が「偽」であることが証明されるにちがいないと考えていた。現在でも、連続体仮説が偽だと考えている専門家は多いようである。うーん、なんだか、アインシュタインが「将来、ベターな理論が発見されれば量子論は塗り替えられる」と考えていたのに似ていますなぁ。

とにかく、現代の標準的な公理化された集合論においては、連続体仮説もその否定も証明できない。連続体仮説は、現代的な公理的集合論からは「独立」しているともいえる。

■デデキントとの交流

カントールには、数学界に敵ばかりいたわけじゃない。カントールの考えをきちんと理解し、援護射撃をしてくれた数学者も大勢いた。なかでも有名なのはデデキントである。

デデキントといえば、理数系なら誰でも解析学の入門で「切断」のお世話になる（英語ならカット、cut）。切断とは、有理数の数直線を切ったとき、その切れ目がどうなっているかを考察すること（以下、あえて、上端、下端という数学用語でない言葉遣いをするが、図を見て納得していただきたい）。

①　切れ目には上端はないが下端がある
②　切れ目には上端があるが下端はない
③　切れ目には上端も下端もある

デデキント

University of St Andrews Scotland HP

④　切れ目には上端も下端もない

有理数Aと有理数Bの間には無数の有理数があるから、まず、パターン3はありえない（これを有理数の「稠密性《ちゅうみつ》」と呼ぶ）。パターン4は無理数になり、パターン1または2がひとつの有理数を決める。実数は有理数と無理数からなるわけだが、この有理数の数直線を切断する行為によって、実数を「定義」することができるのだ。

この切断の方法は1872年にデデキントが論文で発表した。これより少し前、カントールが無理数を「有理数の級数」で定義する論文をデデキントに送っていて、デデキントは、自分の論文にカントールの論文を引用している。

数学者同士が手紙で質問をし合ったり、議論をしたりして、交流していた時代である。デデキントとカントールは、手紙だけでなく、スイスでともに休暇を過ごしたりもしている。1877年にカントールの論文に対してクロネッカーがいちゃもんをつけてきたときも、デデキントが介入して、無事に専門誌に掲載されたことがある。

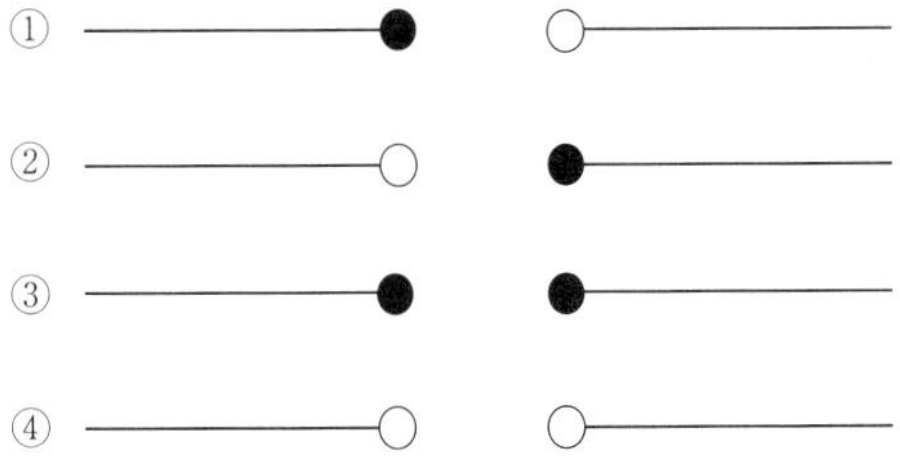

デデキント「切断」

１８８１年から１８８２年にかけて、カントールは、デデキントを自分が所属するハレ大学に招こうとするが、デデキントはこれを断ってしまう。同じ大学で研究ができると考えていたカントールは大きなショックを受け、これ以降、カントールとデデキントの交流は実質的に絶えることとなった。

いまもむかしも友情というのは、特に分野を同じくする盟友同士の友情は、難しいものなのかもしれない。

■カントールの最期

１８８４年にサナトリウムに入院したカントールが、次に入院したのは１８９９年という記録が残っている。この２回目の入院の直後、カントールのいちばん年下の息子が急病で亡くなっている。息子の死に打ちのめされたカントールは次第に数学への情熱を失っていったともいわれる。

同時代のクロネッカー、ポアンカレといった大数学者たちはカントールを執拗に攻撃したが、世代が交代しても、哲学者のヴィトゲンシュタインはカントールの数学を「ナンセンス」で「笑止千万」で「まちがっている」と断じた。

自分の仕事に対する、専門家からの低い評価が、カントールの鬱状態の原因だと考える人も多いが、そうではなく、カントールは双極性障害（いわゆる躁鬱病）を患っていたのだ、という人もいる。

もちろん、カントールの仕事を高く評価した人々もいた。その証拠に、1904年にはイギリスの王立協会から栄誉あるシルベスター・メダルを授与されている。

1911年12月にスコットランドのセント・アンドリューズ大学の500周年記念祝典に招待されたカントールには、しかし、奇異な振る舞いが目立ったという。このとき、ロンドンまで足を延ばしたカントールは、『プリンキピア・マテマティカ』を出版したばかりのラッセルに会おうとした。だが、自身の健康がすぐれないことと、息子の病気の知らせを受け取ったため、カントールは計画を断念し、二人の巨匠が出会うことはなかった。翌1912年、セント・アンドリューズ大学がカントールに名誉法学博士号を贈ったが、健康の悪化により、本人が受け取ることはできなかった。

1913年に引退したカントールは、第一次世界大戦中、食糧不足に悩まされ続け、1917年にふたたびサナトリウムに入院した。心臓発作で亡くなるまで、妻に「サナトリウムを出て家に帰りたい」と手紙を出し続けたという。

◆第1章まとめ

・カントールは無限集合について厳密に考えた。
・彼は順序数と濃度を区別した。
・彼は対角線論法により、実数の濃度が自然数の濃度より大きいことを証明した。
・対角線論法は後にゲーデルやチューリングが不完全性の証明に利用することになる。
・カントールは同時代の偉い数学者たちから白い目で見られてしまった。
・カントールは失意のうちに亡くなったが、彼が創始した無限集合の数学は、現代数学の礎になっている。

第2章　ラッセル卿の希望を打ち砕いたクルト・ゲーデル

◇微小説「魔法使いの朝」

椋鳥《むくどり》がさかんに鳴いている。雀と縄張り争いでもしているのか。早朝らしい景色ではある。

早朝の散歩をしていたオイラの目に、崖から落っこちかかっているじいさんの姿が飛び込んできて、気がついたときには、反射的に手を差し伸べていた。

不意に椋鳥の鳴き声が止んだ。

うーむ、こんなじじい、放っておけばよかったのだ。だが、オイラは根がいい奴なので、いつも厄介に巻き込まれてしまう。

「金の斧……じゃなくて、金の本と銀の本と銅の本、どれがご所望かな？　ちなみに、わしは魔法使いでの。どれもいらない、というオプションは禁じられておる」

じいさんは自分の髭をなでながらオイラに訊ねた。ふう、めんどっちい。やはり、人助けなんてするもんじゃねえな。おとぎ話の斧みたいな謎かけしやがって。

「魔法使いのじいさんよ、金とか銀とか言われても中身が何かわかんなけりゃ、どれが欲しいかなんて決められるかよ。金の本ってのは何だ？」

「金の本は、無限に長く、字を読むたびに一字ずつ文字が消えてゆく、世にも珍しい本じゃ」

「ほぉー、じゃ、銀の本は？」

「銀の本は、これまた無限で、最初はまっさらの白紙じゃが、読み進めるたびに一字ずつ字があらわれてくる、やはり珍しい本じゃ」

「ふーん、最後の銅の本は？」

「ふつうの本じゃ」

「フツーの本って何だよ、題名とかねえのか？」

「『不完全性定理とはなにか　ゲーデルとチューリングの考えたこと』という題名じゃよ」

ちっ、典型的な引っかけ問題だ。

まず、金の本は受け取っちゃいけない。読むたびに字が消えるってェことは、よほど集中して読まないと取り返しがつかないわけだし、だいたい、無限に長いってのが危ない。ギリシャ神話の呪われしシシフォスみたいに、ゾンビ化して必死に本を読み続けないといけない、なんてことになりかねない。いや、それどころか、無限に長い本なんだから、本が分厚すぎて、もらったとたんに押し潰されるとか……くわばら、くわばら。

それから、銀の本もいけねえ。無限がやばいってのは金の本と同じだが、「次」がわからないってのは、神経の毒だ。人間、見えないものは見たいし、次がどうなるかわからなければ読み続けてしまう。いや、それだけじゃつまんねえから、もしかしたら銀の本は、読んでるつもりで、実は書くはめにおちいるんじゃねえのか。オイラをだまくらかして、本を書かせて、じじいが何食わぬ顔で売りさばこうってか？　作家なんて儲からない仕事を押しつけられてたまるかってんだ。無限にこき使おうって魂胆だな。ぜってえに手を出しちゃいけねえ。

となると、残るは銅の本か。これまた微妙だな。おとぎ話なら、このフツーの本を選べば……うん？　やはり罠じゃねえか。たしか、銅の斧を選んだら、正直者と褒められて、金と銀の斧も押しつけられるんだっけか。ナニソレ、怖い。

「あいや、ご心配めさるな。かりにアンタが銅の本を選んだとしても、金と銀の本を押しつけたりはせんよ、かっかっか！」

おいおい、水戸黄門みたいな笑い方しやがって、読心術かよ。さあ、どうする。

「おい、じじい、銅の本をちょっくら見せておくんな」

「あいよ」

手渡された銅の本は、実際には青い背表紙の本だった。すでにウソがある。用心してかかるに越したことはない。

恐る恐る、ページをめくってみると、これは……一種のナンセンス……星新一みたいなショートショートなのか？　いや、自分をオイラなんて呼ぶのはビートたけしさんだし、著者本人が登場するなんてのは、セルバンテスの『ドン・キホーテ』、カート・ヴォネガットの『チャンピオンたちの朝食』、ポール・オースターの『シティ・オブ・グラス』、筒井康隆の『朝のガスパール』みたいに、いわゆるメタフィクションの体裁なのか。ちなみにここにあげた本は、ドン・キホーテ以外、ぜーんぶオイラの本棚にあるけどな。

で、本の最後の文が……なんだコレ。ははぁーん。なんとなくわかったぞ。最後が最初につながってやがる。……てぇことは、自分の口で自分の尻尾を呑み込むウロボロスの蛇を気取ってんのか。ありていに言うと、自己言及、自己参照がテーマなんだな。

「そう、お察しのとおり、この章のテーマは自己言及であり、次の章に無限ループが登場するんじゃ」

ここでオイラは妙案を思いついた。この魔法使いのじいさんは、オイラの考えを読んでしまう。だとしたら、こう考えればいいのだ。金がいいかな〜、いや銀にしようか〜、それとも銅？　金？　銀？　銅？　金、銀、銅、金銀銅、金銀銅の堂々巡り〜。

「てなわけで、オイラの心を読んで、その本をくれ。もう選択はじいさんにまかせた」

魔法使いのじいさんは、ほほぉ、と頷くと、目を瞠《みは》って、しばらくの間、オイラの心を読んでいた。だが、オイラの心は決まっている。いや、正確に言うと決まっていない。迷い続ける堂々巡りなんだから。

徐々にじいさんの顔から表情が消え、身体の動きも停まり、しまいには氷のごとくフリーズしてしまった。

ふう、際どかったな。危うく無限地獄の呪いをはね返したたオイラは、踵も返して、その場を後にした。

だが、しばらく歩いていると、今度は、ばあさんが崖から落っこちかかって助けを求めているではないか。なんか疲れるな〜。

椋鳥が鳴いている。そろそろ昼時なので腹が減っているのであろう。昼らしい景色ではある。

そうだ、ランチを食いに行かねばならぬ。オイラは、ばあさんの難儀を見て見ぬ振りをし、ひたすら、レストラン目指して歩き続けた。

■ラテン語の文法を完全にマスターした子供

ゲーデルは1906年4月28日にオーストリア・ハンガリー帝国のブリュンで生まれた（現在はチェコ共和国のブルノ）。ちなみにこの地は「遺伝の法則」で有名なメンデルが司祭として暮らしていたことでも知られる。

ウィーン出身の父親ルドルフは、さほど学《がく》はなかったが、大きな織物工場で順調に出世し、共同経営者にまで上り詰めた。苦労人だったのである。母親は同じブリュンの織物業の家に生まれ、文学の教育を受け、フランスに留学したこともある人で、夫より14歳も年下だった。

ゲーデルの兄は父親の名前をもらい、ゲーデルはクルトと名づけられた。ふたりの兄弟は、両親の愛情の下、なに不自由ない幼少生活を送っていたが、ゲーデルは6歳のときにリウマチ熱に罹《かか》ってしまう。ほどなく快復したが、8歳のときに読んだ医学書に「リウマチ熱は心臓弁膜症の原因になることが多い」と書いてあったことに衝撃を受け、それ以降、自分は心臓が悪いのだと思い込むようになった。

実際にはゲーデルは心臓の病には罹《かか》っていなかったが、子供の頃から頑固一徹で、他人の意見には耳を貸さなかったという。

ゲーデルの学校での成績は、ラテン語と数学が秀でており、ラテン語では全くといっていいほど文法的なまちがいがなかった。つまり、言語規則に対する異常なほどの才能をもっていたのだ。おそらく、ゲーデルにとっては、数学の証明問題もラテン語の作文も、同じように「厳密な規則を適用し、文を変形してゆく」作業にほかならなかったのだろう。

ゲーデルとアインシュタイン

1923年にウィーン大学に入学したゲーデルは、将来、数学に進もうか物理学に進もうか大いに迷ったという。ゲーデルは、自らの健康状態に敏感であったせいか、首から下が麻痺していた数学のフルトヴェングラー教授の授業に感銘を受け、物理学ではなく数学に進んだのだともいわれている。なにが決め手になったのかはわからないが、この物理学への興味は、後にアメリカのプリンストン高等研究所におけるアインシュタインとの深い親交へとつながり、また、アインシュタインの一般相対性理論を扱った論文として結実する。

ゲーデルが1931年に書いた論文「『プリンキピア・マテマティカ』やその関連体系における、形式的に決定不可能な命題についてⅠ」(*Über formal unentscheidbare Sätze der Principia Mathematica und verwandter Systeme* Ⅰ)は、文字通り、数学界に革命を引き起こした。

ラッセル ©Rex/PPS

当時の数学界では、数学の「公理化」の作業が進められていた。これは、公理と推論規則から数学全体を導いてしまおう、という壮大な計画だ。その旗頭であったバートランド・ラッセル卿は「数学は論理学に帰着する」と豪語した。論理学から始めて、人類の数学の全てを導いてしまえる、とラッセルは考えたのだ。

そんな当時の世界的な風潮に「冷や水を浴びせた」張本人がゲーデルだった。

■論理学超入門(真偽表)

ゲーデルがなにをしでかしたかを説明するためには、どうしても、論理学の解説が必要だ。あくまでも論理学に馴染みがない読者にイメージをつかんでもらうため、ここではかいつまんで要点だけおさらいする。超入門と割り切ってほしい。

ふつうの日本語の文章と同じで、論理学の文章にも正しいものとまちがっているものとがある。正しい文章は「真である」といい、まちがっている文章は「偽である」という。論理学では、英語のTrue（真）とFalse（偽）の頭文字をとって「T」と「F」で真偽をあらわす。あるいは、「T」と「⊥」（＝Tが逆立ちをしている）、もしくは、「1」と「0」で真偽をあらわすこともある。

論理学を学び始めると、まず最初にやらされるのが、日常言語を論理記号におきかえる訓練だ。たとえば、有名な『論理学の方法』（W・クワイン著、中村秀吉、大森荘蔵、藤村龍雄訳、岩波書店）という本には、次のような練習問題が載っている（日本語版56ページ）。

「ジャイアンツかブルインズが勝ち、ジャッカルズが2位となれば、私は過去の損失をつぐない、クラビコードを買うかバーブダに飛ぶだろう」

まあ、一種のナンセンス文なのであろう。論理学の教科書には、こういう面白い文章がよく出てくる。この問題は、まず、次のように論理的な言葉で言い換える。

｛（ジャイアンツが勝つ、または、ブルインズが勝つ）、かつ、ジャッカルズが2位となる｝、ならば、｛私は過去の損失をつぐなう、かつ、（クラビコードを買う、または、バーブダに飛ぶ）｝。

ここでは内側の括弧を（）、外側の括弧を｛｝としたが、混乱しなければ、すべて（）にしてもかまわない。

それから、この文章の各要素を命題記号に置き換える。

ジャイアンツが勝つ☟A
ブルインズが勝つ☟B
ジャッカルズが2位となる☟C
私は過去の損失をつぐなう☟D
クラビコードを買う☟E
バーブダに飛ぶ☟F

最後に、これらを論理記号で結びつけてゆく。

$$((A \vee B) \wedge C) \to (D \wedge (E \vee F))$$

これが問題の答えである。

ようするに、論理的な文をA、B、C、……とアルファベットの記号で置き換え、論理的な関係をあらわす「でない」、「かつ」、「または」、「ならば」といった言葉を「$\neg$」、「$\wedge$」、「$\vee$」、「$\to$」といった記号に置き換える作業だ。

ナニソレ、と思われるかもしれないが、中学校で文章題を理解して方程式をたてるのと同じような感覚である。ただ、誰もが学校で教わる置き換えは、日本語の文章を数式に置き換えるのに対して、論理学の授業では、数式ではなく論理記号に置き換える点がちがっている。

いや、ちがっていると書いたが、そもそも数学の「土台」というか「基礎」が論理学であるならば、やっていることは同じだといっていい。ただ、学校ではあまり教わらないので、馴染みがないだけだ。

いろいろな詳細を端折《はしょ》って、ホント、原理の話だけしますので、あしからず（ちなみに、クワインの『論理学の方法』は、あとでご紹介する『THE LOGIC BOOK』と並んで、初学者にオススメの教科書です)。

さて、論理学の文章が日常言語と決定的にちがうのは、文章の「真偽」が決まっていること。日本語ではうちの娘が「ハウル見るのかなぁ?」と、就寝前にジブリのアニメを見たいと意思表示したりするが、このような疑問文に真偽はない。「ナーは今、ハウルを見る」という文章なら、ナーの父親である私が「いいよ」と許可すれば真になるし、「早く寝なさい」と命令すれば偽になるが、疑問文はだめである。同様に「がんばれ!」というような応援も真偽とは関係ないから論理学の文にはならない。

もっとも、真偽が決まるといっても、「いま、横浜では雨が降っている」という文に対して、並行宇宙をたくさん考え、すべての並行宇宙における横浜で雨が降っているなら「必然的に真」だけれど、たくさんある並行宇宙の中に、横浜でいま雨が降っているような宇宙が1つ以上存在する、というだけなら「可能的に真」、という具合に、いわば真偽にグラデーションをもたせるような論理学もあるから、いろいろと厄介だ(必然と可能をあつかう論理学を様相論理といい、実は、ゲーデルの不完全性定理の証明と相性がいいことが1970年代に判明した……このお話は第4章でちょっぴり触れる予定)。

すみません! 脱線ばかりで先に進みませんな。よいしょ、元に戻って、とにかく、論理学の文章は真偽が決まる。真偽が決まる文のことを専門用語で「命題」（proposition）と呼ぶ。日本語でも「プロポーズする」などというが、「提案」とか「主張」と訳されることが多い。命題というのは、数学と論理学だけで使われる訳語だ。

さて、その真偽の決まり方であるが、まず、命題Aが真なら、その否定の「$\sim A$」は偽になる。それを左上のような表の形で書いて、真偽表と呼ぶ。

これは別名「真理関数」。ええと、学校で教わる関数 $y=f(x)$ はxが決まるとyの値が決まるのだった。今の場合、$\sim A$をyとみなし、Aをxとみなせば、$x=1$なら$y=0$、$x=0$なら$y=1$という関数とみなしてよい。だから、真理関数と呼ぶ。0と1の中間の値はないから、デジタルな関数なのだな、これは……（実は中間の値を考える多値論理もある）。

A	$\sim A$
1	0

命題Aの真偽表

次に、命題Aと命題Bを「かつ」で結んだ「$A \wedge B$」だが、AもBもともに真なときにかぎって$A \wedge B$も真になる。たとえば結婚の条件で、「高収入かつ高身長」といったら、どちらの条件が偽でも条件を充たさないであろう。

お次は、命題Aと命題Bを「または」で結んだ「$A \vee B$」だ。日常言語ではファーストフード店のセットに「サラダまたはドリンクがつきます」と書いてあった場合、「じゃあ、サラダとコーラをつけてください」といったら「追加料金をいただきます」となってしまう。日常言語の「または」は、どちらか一

A	B	$A \wedge B$
1	1	1
1	0	0
0	1	0
0	0	0

A∧Bの真偽表

A	B	$A \vee B$
1	1	1
1	0	1
0	1	1
0	0	0

A∨Bの真偽表

方だけ、という意味で使われるのがふつうだ。

ところが論理学の「または」の場合、真偽表は上の下表「$A \vee B$の真偽表」のようになる。

つまり、AもBも両方とも真である場合、$A \vee B$も真なのだ。この不自然な「または」の理由は面白い。大昔の人々も、現代のファーストフード店と同じような「または」の使い方をしていたから、AもBも両方とも真である場合、$A \vee B$は偽だと考えていた。だが、それだと、つじつまが合わないのだ。

まず第一に、対称性の問題がある。論理学は数学の基礎なので、「かつ」と「または」は反対になっている。この説明で納得してもらえなければ、次のような説明はどうだろう。「かつ」と「または」は（おおまかに）「×」と「+」という計算とみなすことが可能だ。スイッチなどで計算をする場合をイメージして、オンでスイッチが入って電流が流れ、オフでスイッチが切れて電流が流れなくなる、と考えてもらってもよい。きちんとやろうとすると、$A \wedge B$は$A \times B$であり、

$A \vee B$は$A+B-A\times B$であり、その計算例は次のようになる。

計算例　$A=1$　$B=0$の場合

$A\times B=1\times 0=0$　それに対応して　$A\wedge B=1\wedge 0=0$

$A+B-A\times B=1+0-1\times 0=1$　それに対応して　$A\vee B=1\vee 0=1$

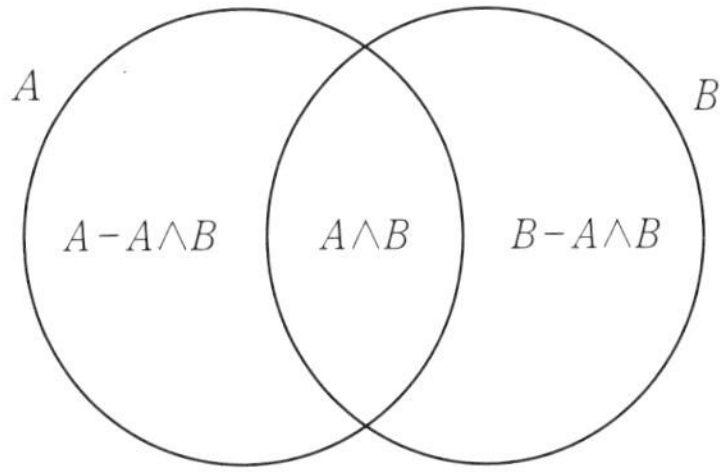

AとBの計算表

ほかの場合もチェックすれば、「かつ」と「または」が掛け算や足し算であらわされることがわかる。

実際、次章では、論理学の証明が、コンピュータ内の計算とパラレルである、という展開になるのだが、とにかく、論理計算をうまく定義するためには、ちょっと不自然な「または」の定義が必要になるのだ。実際、この不自然な「または」を採用したことにより、論理学は飛躍的に進歩したのだ。

さらに不自然きわまりないのが「ならば」である。日常言語では「デフレならば倒産が増える」などと使うが、それは原因と結果の関係であることが多い。論理学における「ならば」は原因と結果ではない。実際、Aが真でBが真の場合のほかに、Aが偽の場合も「$A→B$」は真になる！

つまり、Aが偽の場合、Bの真偽にかかわらず「$A→B$」は真になるのだ。うーん、あえて解釈するのであれば、「デフレ」という条件が偽で、なりたっていない以上、倒産件数については何でもあり、という感じだろうか。

これはもちろん、数学の基礎である論理用語を、人間社会にそのままあてはめるのが無理なのである。

A	B	$A→B$
1	1	1
1	0	0
0	1	1
0	0	1

$A→B$の真偽表

■論理学超入門（真偽表の続き）

せっかく真偽表を学んだので、ここでいくつか、もっと複雑な文章の真偽表を眺めてみよう（以下の3例は『はじめての現代数学』（瀬山士郎著、講談社）から引用）。

（例1）は、AやBの真偽がどうであれ、文章全体は恒《つね》に真、すなわち1である。これを「恒真式」と呼ぶ。英語だと「トートロジー」（tautology）。ようするに「正しい文章」のことだ。

（例2）は、AやBの真偽によって、文章全体の真偽も変わってくる。だから、文章全体として

A	B	$B \to A$	$A \to (B \to A)$
0	0	1	1
0	1	0	1
1	0	1	1
1	1	1	1

（例1）$A \to (B \to A)$

A	B	$A \vee B$	$A \vee B \to B$
0	0	0	1
0	1	1	1
1	0	1	0
1	1	1	1

（例2）$A \vee B \to B$

A	$\sim A$	$A \wedge \sim A$
0	1	0
1	0	0

（例3）$A \wedge \sim A$

より複雑な真偽表

『はじめての現代数学』（瀬山士郎）

は、正しいともまちがっているとも判断がつかない。

（例3）は、Aの真偽がどうであれ、文章全体は恒に偽、すなわち0である。これを「恒偽式」と呼ぶ。ようするに「まちがっている文章」であり「矛盾」ともいう。

あとで必要になるので、ここで、A、B、C、……というように項の数がどんどん増えていった場合について考えておこう。日常言語ではなく数学の例を使う。

命題 $1\times2=1+1$　かつ　$2\times2=2+2$　かつ　$3\times2=3+3$　……
$\uparrow$ A　$\uparrow$ B　$\uparrow$ C

自然数nに2を掛けることは、nを2回足すことと同じ。それは、nがどんな自然数でも真である。だから、この命題は真である。この命題は$A\wedge B\wedge C\wedge$……という形をしているが、nはどんなに大きくてもいいのだから、この式は永遠に続いてしまう。この「かつ」がたくさん続く場合をまとめて、

$$\forall n(n\times2=n+n)$$

と書く。一般には、

$$\forall nP(n)$$

というふうに抽象的に書く。今の場合、$P(n)=n\times2=n+n$だ。

これは一種の略記法である。ただし、どこかに「nは自然数」という但し書きも付けておく。$\forall nP(n)$は「全てのnについて$P(n)$」（For all n, P(n)）などと読み、$\forall$は「全称記号」と呼ばれる。$\forall$は英語の「All」のAを逆さまにしたもの。全称記号は「かつ」の一般化なのである。記号論理学なので、ヘンテコな記号が出てきて恐縮だが、なに、2〜3回唱えてみれば、すぐ慣れます。

同様にして、「または」の一般化は$\exists$という「存在記号」であらわす。「または」でつながれた命題は、たくさんある項（A、B、C、……）のうちどれか一つでも真なら、全体が真になる。ようするに、真である項が存在すればいいのだ。$\exists nP(n)$は「$P(n)$であるようなnが存在する」（There exists an n such that $P(n)$）などと読む。$\exists$は英語の「Exist」のEを左右逆さまにしたもの。存在記号は「または」の一般化なのである。

「かつ」の親分である全称記号と「または」の親分である存在記号をまとめて「量化記号」（quantifier）と呼ぶ。特に存在記号はゲーデルの定理の証明のあらすじに堂々と登場するので頭に入れておいてください。

ひとつだけ注意が必要だ。ここに出てきたP(n)のnは変数である。変数なので、その範囲をきちんと決めておかないといけない。この例ではnは自然数だった。変数の記号はnである必要はない。$P(x)$と書いてもかまわない。また、変数の数は1つとは限らない。さらに憶えておいてほしいのは、こういった変数がある場合、具体的に $n=3$ などという数値を代入するか、前に全称記号や存在記号がつかないと、その真偽が定まらないこと。これもあとで使うので、しっかり頭に入れておいてください。

さて、ここまで真偽表と量化記号をざっと見てきたが、肝心の数学との関係はどうなのだろう。$(n\times 2=n+n)$ のような命題は、n にどんな自然数を代入しても、全称記号をつけても、存在記号をつけても、恒に真になる。だが、そんなに素性のいい命題ばかりとはかぎらない。もし、数学の命題の中に恒偽式、すなわち矛盾がみつかったら、非常にまずいことになる。逆にいえば、論理学を駆使して、世の中に出回っている数学論文のあらゆる命題の真偽をチェックしていって、恒真式だけを集めれば、それは「正しい数学の文章の全て」、すなわち「究極の数学定理集」になるのではあるまいか。

だが、本当にそのようなことは可能なのだろうか。

コラム ヒルベルトの23の問題

偉大な数学者ダフィット・ヒルベルトが１９００年にパリで開催された国際数学者会議で発表した

10問と、後にヒルベルトの著作で発表された13問の未解決問題（当時）のこと。

その1問目はカントールが提起した「連続体仮説」である（61ページ参照）。

2問目が「算術が矛盾しないこと」の証明で、まさに本書の主題である。ゲーデルが「算術を含むシステムは自ら矛盾しないことを証明できない」ことを示した（ただし、１９３６年にゲンツェンが、算術が矛盾しない証明を与えている。「システム内で」という断り書きのあるゲーデルの結果とは矛盾しない）。この2問目は、ある意味、いわくつきの問題で、ヒルベルト本人は、自然数ではなく実数も扱える算術を念頭においていたらしい。いやはや。

6問目は「物理学の公理化」である。一部、公理化された部分もあるが、物理学が鋭意発展中という事情もあり、未解決のままである。

8問目は「リーマン予想」と関係している。これは懸賞金１００万ドルのミレニアム問題にも名を連ねている難問だ。おおまかにいうと、素数がどのように分布しているか、ということから派生した問題。

全23問題中、6、8、12、16、23問目を除いた18問は、なんらかの形で解決をみている。

数学者の業績というと、定理を証明した人ばかりに注目が集まるきらいがあるが、予想をたてたり、どんな未解決問題が重要なのかを指摘する人がいないと、みんな、どの問題に挑戦すればいいのか迷ってしまう。

ヒルベルトの23問題は、現在、数学の未解決問題を集めた「ミレニアム問題」へとその精神が受け継がれているように思う。ミレニアム問題に興味がある読者には『数学21世紀の7大難問——数学の未来をのぞいてみよう』（中村亨著、講談社ブルーバックス）をオススメする。

■論理学超入門（形式証明）

先に「定理」という言葉がでてきたので、では、数学における「証明」とは何かについて、また超入門をしてみよう。

われわれが学校で教わる証明といえば、すぐに頭に浮かぶのが「仮言三段論法」（hypothetical syllogism）といわれるもの。

仮言三段論法

もし朝起きられない「ならば」会社に行かれない

会社に行かれない「ならば」お金に困ることになる

ゆえに、もし朝起きられない「ならば」お金に困ることになる

これを記号であらわすなら、P：朝起きられない、Q：会社に行かれない、R：お金に困る、

もし朝
起きられないなら。
会社に行かれない。
お金に困る。
ゆえに
もし朝起きられないなら。
お金に困る。

として

$P \to Q$
$Q \to R$
$\therefore P \to R$

という形になる。→は「もし〜ならば〜」をあらわす。「仮言」というのは、「仮に朝起きられないならば」というように、前提条件が仮説でもかまわないからである。このようなパターンを「推論規則」と呼んで、

$$\frac{P \to Q,\ Q \to R}{\therefore P \to R}$$

というように書くことも多い。仮言三段論法は、広い意味での三段論法の一種だ。
あるいは、モーダス・ポネンス（modus ponens）という推論規則もある。例をあげると――

モーダス・ポネンス

もし雨が降っている「ならば」合羽《かっぱ》を着ることになる
雨は降っている
ゆえに合羽を着ることになる

これを記号で書くと、P：雨が降っている、Q：合羽を着ることになる、として

$$\frac{P \to Q,\ P}{\therefore Q}$$

となる。モーダス・ポネンスはラテン語で、（今の記号では）「Pであることを確認することにより、Qであることを確認する様式」というような意味らしい（私は大学時代、ラテン語の授業を取っていたが、試験の朝、寝坊して単位を落とした人間なので、鵜呑《うの》みにしないでください）。モーダス・ポネンスも三段なので、日本では「三段論法」と訳されることが多いようだが、三段論法がたくさん出てきて混乱を招くと思うので、呼び名はラテン語のままにしておきます。

ええと、なにをやっているのかというと、ようするに、こういうのが形式証明の「型」なのですな。あえて、日常言語の例を出したが、学校の「証明」の時間では、誰でも三角形の合同を証明した憶えがあるはずだ。学校では教えてくれなかったと思うが、決まった「推論規則」を順

次、適用していく作業こそが証明にほかならない。

で、証明の出発点のことを「公理」(axiom)と呼ぶ。ユークリッドの『幾何学原論』だって、公理から始めて、順次、推論規則をつかって「定理」を紡ぎ出していく構成になっている。

ただし、何を公理とし、何を推論規則とするかは、趣味の問題のようなところがある。公理をたくさん決めておいて、推論規則を少なくする流派(ヒルベルト流)もあれば、逆に公理は最小限にとどめ、推論規則を多くする流儀(ゲンツェン流)もある。

私は、たまたまカナダの大学院の哲学科で『THE LOGIC BOOK』という教科書を使わされ、それが「公理は最小限にとどめ、推論規則を多くする流儀」だったので、その方がやりやすい気がするが、あくまでも好き嫌いの問題だ。たとえば、私は豹柄の外套が好きだが、無地が好きな人もいる。どちらが正しいわけでもない。人それぞれである。

具体的に証明をやるときにはゲンツェン流が簡単で、理論全体の枠組みを論ずるときにはヒルベルト流がいいのだという人もいる。

余談だが、『THE LOGIC BOOK』の中身と同じことは、すでに日本の大学で教わっていたので、私は大学院の講師に「授業に出なくて試験だけ受けてもいいっすかぁ?」と許可をもらい、実際、一度も授業に出ずに試験だけ受けた。あとで成績表を見たら「99点」になっていたので、「試験は100点だった自信があります。どうして99点という評価なのですか」と講師に詰め寄ったところ、「1点は出席点だ」という苦し紛れの答えが返ってきて仰天した。事前に出席点の話などなかったんだから。なんて非論理的な先生だろう。当時はそう思ったが、やはり、論理学の先生も人の子。1パーセントは感情で動く、ということか。それにしても、当時の私は、鼻持ちならない奴だったわけだ（笑）。

■ペアノ算術とは

そもそもゲーデルの1931年の論文は「『プリンキピア・マテマティカ』やその関連体系における、形式的に決定不可能な命題についてI」という題名であり、プリンキピア・マテマティカ（100ページのコラム参照）の「システム（体系）」において、決定不能な命題があることを証明している。それは、ペアノ算術を含む体系、といいかえていい。

ジュゼッペ・ペアノはイタリアの数学者でトリノ大学教授だった。算術を公理化した業績で知られるが、ペアノ曲線にも名前が残っている。

ペアノは次の5つを算術の公理とした。

公理1　数1は自然数だ

公理2　aが自然数ならば（aの次の）$a+1$も自然数だ

公理3　aとbが自然数で等しい（$a=b$）ならば、aとbの次の数同士も等しい（$a+1=b+1$）

公理4　aが自然数ならばaの次の数は1ではない（$a+1\neq1$）

まあ、ここまではさしたる問題もない。算数のふつうの性質を厳密に言い表しただけである。だが、次の公理はどうだろう？

公理5　集合Sが1を含んでいて、「aがSに属するならば（aの次の）$a+1$もSに属する」という性質をもつならば、Sはすべての自然数を含む

うーん、どこかで見たことがあるような気がする……そうだ、これは学校で教わる「数学的帰納法」ではないのか？

ご名答。この公理5は数学的帰納法の原理なのである。で、公理1から4までは「矛盾しない」ことがあきらかなのに対して、公理5が入ってきても、ペアノの公理系が矛盾を含まないかどうかは、きちんと証明しないといけない。

実際、ヒルベルトの「23の問題」の2番目に、ペアノの公理系が矛盾を含まないことの証明が

あげられているのだ。そして、この問題に正面から取り組んだのがゲーデルということになる。ゲーデルは「ペアノの公理系を含む理論」が、自らは矛盾が含まないことを証明できない、という意味で「不完全」なことを示したのである。

さて、算術は英語なら「arithmetic」であり、ようするに「算数」のことだ。それなら最初から「算数が含まれるシステム」などと言ってしまえばいいのだろうが、論理学の教科書では、たいてい自然数論か算術という言葉が使われている。あくまでも形式的に厳密なシステムについて論じているのであり、学校の算数をそのまま思い浮かべられても困る、ということなのだろうか。

算数なのだから、当然、足し算や掛け算が含まれる。では、引き算や割り算はどうなるのか？実は、自然数の範囲では、負の数を考えていないので、自由に引き算はできない。同様に、有理数（分数）を考えていないので、割り算はできない。案外、不便ですな。まあ、自然数における算数という限定つき、ということで。

ペアノの公理系に初めて接したときに「あれ？」と思うのが公理2の「次の数字」という概念である。単に1を足しただけだが、きちんと書くのであれば、英語の「successor」（次にくるもの、跡継ぎ）の頭文字をとって「S」であらわす。たとえば数字の1はゼロの次なので「S0」だし、3はゼロの次の次の次だから「SSS0」である。これを使うと、有限の記号により、無限に多い自然数を記述することが可能になる。必ず「次がある」という自然数の性質を凝縮した、見事な記号だと思うが、いかがだろう。

あとでブーロスの証明（付録1）のときに必要になるので書いておくが、いずれ変数 x, y, z, ……が出てきたとき、無限にたくさん定義するわけにはいかないので、x, x', x'', ……という具合に「′」をつけてあらわすことになる。「S」と同じ考え方である（実際、Sの代わりに′を使って、0, 0′, 0″, ……と書いてもかまわない）。

ちなみに、掛け算が入っていない「プレスバーガー算術」というのもある。足し算だけしかできない、弱いシステムだが、プレスバーガー算術は、ゲーデルの不完全性定理の適用を受けない。いいかえると、プレスバーガー算術は「完全」なのだ。豆知識として憶えておかれるとよいだろう（この点に関しては第4章で物理学との関係を考えるときにまた触れます）。

公理系と聞いて、いつも私の脳裏に思い浮かぶのが筑波学園都市、横浜市のみなとみらい地区、あるいはディズニーランドのある浦安市である。

数学全体が「都市」になっているとしよう。その中心部には「算数」の町がある。小学生が算数の足し算や九九を教わるとき、先生は、理路整然としたペアノの公理系から始めたりはしない。もっと実用的な知識を教えてゆく。それは、町が自然と発達するような感じだ。路地も曲がりくねり、行き止まりもあるけれど、商店街もあるし、学校もあるし、飲み屋もある。汚くて雑然としているけれど、とにかく町として充分に機能している。ちょうど私が住んでいる横浜駅東口の商店街のあたりは、そんな感じである（笑）。

それと対照的なのが、筑波学園都市、みなとみらい、浦安といった、都市計画に則《のっと》って作られた町だ。道路はまっすぐで、きれいな研究施設やタワーマンションが建ち並び、道路にゴミ捨て場が設置されることもない。きれいで整然としている。住んでいる人にとっては、何も問題ないが、余所者《よそもの》が訪れると、ちょっと気後れしてしまうほど整っている。

学校で教わる算数とペアノの公理系の関係を私は、こんな感じで下町と計画都市の差のようにイメージしている。

もちろん、下町のビルだって、きちんと設計されている。だが、下町の場合、町全体の理想的な都市計画は存在しない（あるいは昔からある道路や建物などのせいで、区画整理もままならない）。

それに対して、私のマンションから徒歩10分の距離にあるみなとみらい地区は、個々の建物だけでなく、町全体が都市計画によって作られている。

とにかく計算力をつけるためには、下町でがんばるのがいい。でも、全体像や構造を調べるには、都市計画があったほうがいい。そんな感じである。

コラム

プリンキピア・マテマティカとは

私が高校生のころ、仲間うちでラッセルのエッセイを英語で読むのが流行っていた。高校の授業や模擬試験でよくラッセルの文章に触れた憶えがある。

ラッセルは哲学者であり、論理学を深く研究していた。ホワイトヘッドとともに『プリンキピア・マテマティカ』という大著を著している。『プリンキピア』といえば、かのアイザック・ニュートンの主著であり、自然の原理を解き明かそうとした本であり、誰もが学校で教わるニュートン力学の本である。プリンキピアはラテン語だが、英語なら「principles」なので「原理」という意味だ。

つまり、ニュートンが自然界の原理を解き明かそうとしたのに対して、ラッセルとホワイトヘッドは、数学の原理を解き明かそうとしたのである。彼らは論理学の公理と推論規則から数学全体を導こうとしたのだ。

ミシガン大学のインターネットサイトに行くと、『プリンキピア・マテマティカ』全3巻の原書がアップされているが、よくこんな本を書いたものだとあきれるくらい緻密で長い。実際、1+1=2という簡単な足し算ができるようになるまでに第1巻が費やされてしまう。

SECTION A]　　　CARDINAL COUPLES　　　379

*54·42. ⊢ :: α ∈ 2 . ⊃ :. β ⊂ α . ∃ ! β . β ≠ α . ≡ . β ∈ ι“α

Dem.

⊢ . *54·4 . ⊃ ⊢ :: α = ι‘x ∪ ι‘y . ⊃ :.
β ⊂ α . ∃ ! β . ≡ : β = Λ . v . β = ι‘x . v . β = ι‘y . v . β = α : ∃ ! β :
[*24·53·56 . *51·161] ≡ : β = ι‘x . v . β = ι‘y . v . β = α (1)
⊢ . *54·25 . Transp . *52·22 . ⊃ ⊢ : x ≠ y . ⊃ . ι‘x ∪ ι‘y ≠ ι‘x . ι‘x ∪ ι‘y ≠ ι‘y :
[*13·12] ⊃ ⊢ : α = ι‘x ∪ ι‘y . x ≠ y . ⊃ . α ≠ ι‘x . α ≠ ι‘y (2)
⊢ . (1) . (2) . ⊃ ⊢ :: α = ι‘x ∪ ι‘y . x ≠ y . ⊃ :.
β ⊂ α . ∃ ! β . β ≠ α . ≡ : β = ι‘x . v . β = ι‘y :
[*51·235] ≡ : (∃z) . z ∈ α . β = ι‘z :
[*37·6] ≡ : β ∈ ι“α (3)
⊢ . (3) . *11·11·35 . *54·101 . ⊃ ⊢ . Prop

*54·43. ⊢ :. α, β ∈ 1 . ⊃ : α ∩ β = Λ . ≡ . α ∪ β ∈ 2

Dem.

プリンキピア・マセマティカの第１版

University of Michigan HP

ラッセルとホワイトヘッドは、ペアノの公理化を忠実に実行しようとしたのだ。数は集合によって定義され、集合は論理学で定義されなければいけなかった。しかし、数学を論理学によって基礎づけようという彼らの野望は、ゲーデルの一撃で木っ端微塵にされてしまったのである。

■真であることと証明できること

さて、不完全性定理の証明のあらすじをご紹介するのが本章の目的の一つなのだが、延々と準備が続いてしまい、すみません。でも、最低限、「論理学とは何か」というイメージだけでも持っていただかないと、ゲーデルの証明のあらすじは説明できない。だから、いましばらく、お付き合い願いたい。

前節までで、数学の基礎である論理学には、２つのまったくちがった方法があることがわかった。ひとつは「真理関数」によって、命題が正しいかまちがっているかを判定する方法。もうひとつは、「公理」と「推論規則」により、式を変形し、証明をしていく方法。

ここで問題です。

問題　真であること（T）と、証明できること（S）の関係は次のうちどれ？

図はそれぞれ

（1）証明できるのに正しくないことがある
（2）正しいのに証明できないことがある
（3）正しいことと証明できることが一致
（4）正しいのに証明できないことがあり、証明できるのに正しくないことがある
（5）正しいことと証明できることは無関係を表す（「正しい」は数学用語では「真」）。

実は、この問題は引っかけであり、このままでは答えようがない。だが、ゲーデル以前の人々は、数学者も含めて、漠然と（3）、つまり「『正しい』と『証明できる』は同じ概念」だと信じていた。いまでも一般の人々は、（3）が正しいと思っているにちがいない。この本の読者は、

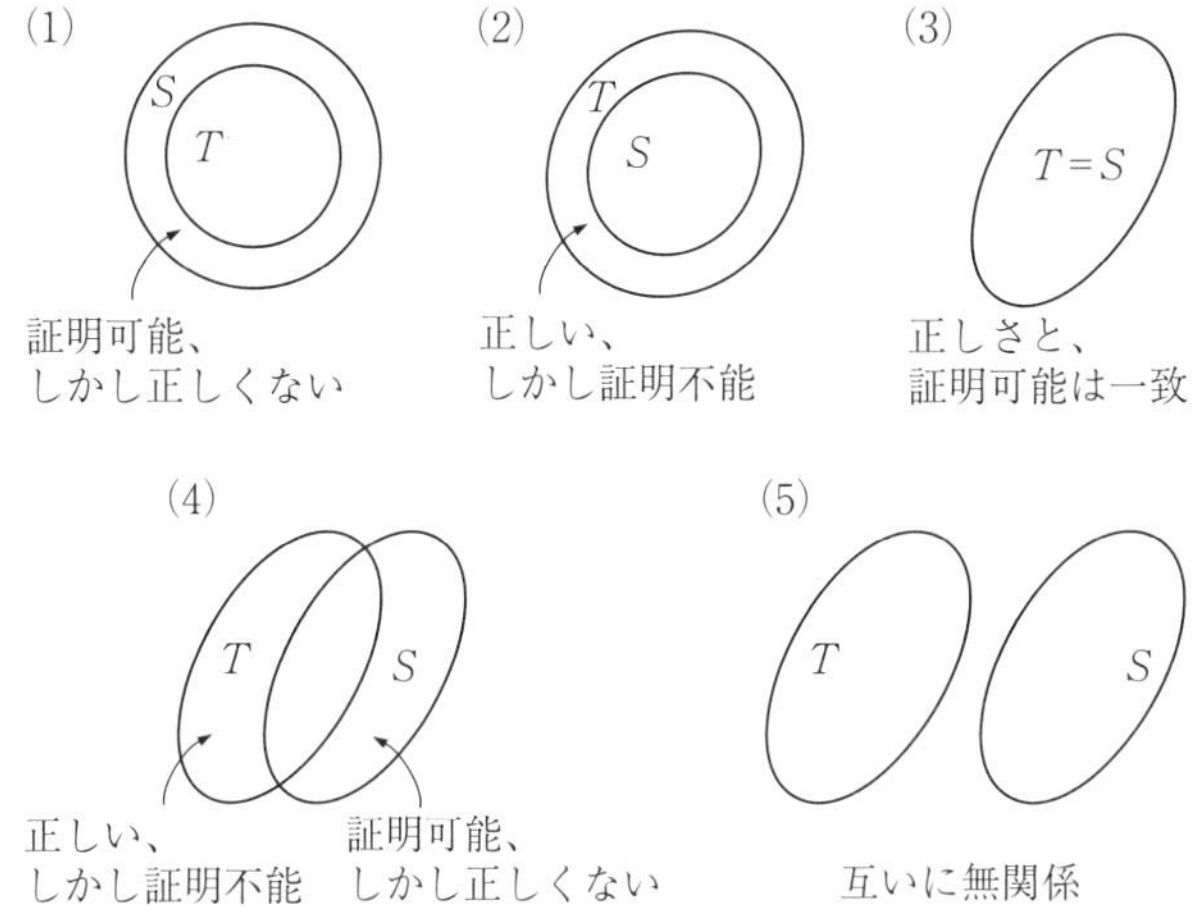

真であること(T)と証明できること(S)との関係

『はじめての現代数学』173ページより

そこに疑いをもっているはずだから、そのかぎりではないが。

この問題は、扱っている数学のシステムによって変わってくる。だが、自然数の範囲での算数ができるようなシステム、すなわち、前に出てきたペアノ算術の場合、驚くべきことに（2）が答えなのである！　つまり、真であることと、証明できることは、完全には一致せず、真なのに証明できない、という事態が生じてしまう！

もっとも、このようなことは、日常言語ではいくらでもあるかもしれない。「あ、ちがかった！」と叫んだ男は、文法的にはまちがっているが、なにかをまちがえて叫んだであろうことは想像に難くない。文法的には「あ、ちがった！」というべきだが、いまどき、こういう言葉の乱れをとがめる人もいないであろう。

つまり、ふつうの会話では、文法的にはまちがっているけれども、意味は通じることなんて日常茶飯事なのだ。

論理学における真理関数の方法は「意味論」(semantics)と呼ばれ、形式証明の方法は「構文論」(syntax)と呼ばれている。国語でいえば、解釈の授業と文法の授業のちがいみたいな区分けである。

国語では、「あ、ちがかった!」とは逆に、文法的にはオーケーでも、意味が通らないこともある。たとえば「今日、虫がたくさん生まれ、私は無視される」というような文を作ることができる(なぜ、この文がナンセンスかといえば、地球上では、虫が生まれたからといって、誰かに無視される、というシチュエーションを思い浮かべることができないからだ。現実世界に対応する状況がないから)。

いずれにせよ、日常言語であれ、数学であれ、意味と記号がかかわってくるシステムにおいては、意味論と構文論、いいかえると解釈と文法とが一致しない、ということはありうる。

ただ、われわれはどうしても、数学は完全な世界のはずだから、意味論と構文論は一致するにちがいない、と感じてしまうのである。そして、この素朴な感覚を完全にぶち壊しにしてくれたのが、ほかでもない、クルト・ゲーデルその人なのであった。

■嘘つきのパラドックス

一連の準備が終わり、いよいよ問題の核心に近づいてきた。ゲーデルの証明のあらすじをたどるまで、あと準備は2つだけである。

まずは「嘘つきのパラドックス」である。これは新約聖書からの引用とともに流布されている。

彼らのうちの一人、預言者自身が次のように言いました。
「クレタ人はいつもうそつき、悪い獣、怠惰な大食漢だ」
この言葉は当たっています。だから、彼らを厳しく戒めて、信仰を健全に保たせ、ユダヤ人の作り話や、真理に背を向けている者の掟に心を奪われないようにさせなさい。
（「テトスへの手紙」第1章12－14節より）

一見、人種・地域差別以外には、なんの問題もない文章のようだが、ここで冒頭の「彼ら」はクレタ人を指している。ということは、嘘つきのクレタ人が「クレタ人は嘘つきだ」と言っているわけで、そんな言葉を信じていいのか、という話になる。

話をわかりやすくするために、「この文は嘘である」という文を考えてみよう。この文が本当だとしたら、この文は嘘である。この文が嘘だとしたら、この文は本当である。うん？　いったい、どっちなのだ？

意味論の範囲にとどまるかぎり、このどっちつかずの循環は無限に続いてしまう。

本書では、この嘘つきのパラドックス自体に深入りすることはせず、ゲーデルの「応用」に話を進めることにする（いい加減、準備に飽きてきて、ブックオフに10円で売り払って本を循環させ、著者を苦しめよう、と考え始めている読者もいるだろうし）。

ゲーデルは、この嘘つきのパラドックスにヒントを得て、意味論から構文論へと舞台を変え、証明できることと真であることは別であることを示すために、「この命題は証明できません」ということを証明することにしたのだ。ぐるぐる循環し続ける「この文は嘘だ」から、「この命題は証明できない」へ脱出する。そんな流れである。

もし、本当にそのような命題が存在することが証明できたら、大変なことになる。

だが、その前に最終準備が必要だ。

■ゲーデル数

ぜいぜいぜいぜい、あー疲れた。でも、あと一歩なので、読者も私と一緒に頑張ってもらいたい。

そもそも証明というのは、「公理」に「推論規則」を適用していく作業である。たしかにいろいろな定理を証明することが可能だが、「この命題は証明できません」という定理なんて、いったいどうやって証明すればいいのか。

いちばんの問題は「この命題」という部分である。「この命題」を具体的に書くと

「この命題は証明できません」

となる。だから、「この命題」の部分に「この命題は証明できません」を代入してみると——ここでよーく考えてみてください——

「「この命題は証明できません」は証明できません」

であり、

「「「この命題は証明できません」は証明できません」は証明できません」

などとなって、永遠に終わらない！

これは、江戸川乱歩の『鏡地獄』みたいなもの。内面が鏡になっている球の中に入ったら、光が無限に反射して、同じ像が無限に見えて、精神がおかしくなっても不思議ではない。物理的には、どこかで光が減衰して、反射は終わるのだろうが、数学ではそうもいかない。

プロローグにも出てきたが、こういうのを「自己言及」(self-reference) という。自分について語りつつ、無限後退を避ける方法はないものか。

ここでゲーデルの天才は、とんでもないことを思いついた。数学は、数字を扱うものですよね。だったら、「この命題」に数字の背番号をつけて、その背番号で呼べばいいのではあるまいか。うーん、なんという数学者らしい解決法。まさに数学者の鏡、じゃなくて鑑ですな。

背番号といったが、専門用語は「符号化」(coding) もしくは「コード化」である。暗号のことを英語では「コード」というが、ようするに、同じ機能をもった別の記号におきかえよう、というのである。

具体的には、次のページの表みたいに、まずは基本的な記号に背番号をつける。

ゲーデル数は教科書によってちがいがあるが、大事なことは、形式記号と数字（背番号）の間の変換が1対1でおこなわれる、ということである。ここでは私が学生時代に愛読した『ゲーデルの世界』（廣瀬健、横田一正著、海鳴社）（121ページ）から引用した（ただし、～とSと×

形式記号	背番号	説明
$\sim$	2	否定
$\vee$	3	または
$\wedge$	5	かつ
$\rightarrow$	7	ならば
$\forall$	11	全称記号
$\exists$	13	存在記号
(	17	前括弧
)	19	後括弧
a_n	$(8n+8)$ 番目の素数	定数
x_n	$(8n+9)$ 番目の素数	変数
0	31	ゼロ
=	37	等号
S	41	つぎの数
+	43	足し算
×	47	かけ算

ゲーデル数

は本書の表記に合わせた)。

　ここで、$(8n+8)$ 番目の素数というのはなんだろう。8番目の素数は23、16番目の素数は67、……という具合になっている。なんだか、「0」に対応する31や「×」に対応する47と重複しそうな気がするが、無論、「)」に対応する19の次の素数である23から始まって、47までの素数は飛ばすために$8n$がかかっているわけだ。ゲーデル数は、このように随所に工夫のあとがみられる。

　で、このような基本的な記号がいくつか並んで記号列になった場合は、素数のべきの掛け算であらわす。たとえば、3つの記号が並んでいて、それぞれのゲーデル数が、l、m、nだとすると、$2^l\times$

$3^m \times 5^n$ がその記号列のゲーデル数になる（ここで「無限ホテル」のコラムを思い出してほしい）。

感覚をつかむために、ちょっと練習してみよう。次の記号列をゲーデル数に変換してください。

練習　3＋5＝8

「3」はゼロの次の次の次の数だからSSS0と書ける。同様に「5」はSSSSS0、「8」はSSSSSSSS0である。つまり、この記号列は、

SSS0＋SSSSS0＝SSSSSSSS0

なのである。全部で記号が21個あるから、21番目までの素数が必要になる。「S」に対応するゲーデル数が41、「0」に対応するゲーデル数が31、「＋」に対応するゲーデル数が43、「＝」に対応するゲーデル数が37なので、最終的に答えは、

$$2^{41} \times 3^{41} \times 5^{41} \times 7^{31} \times 11^{43} \times 13^{41} \times 17^{41} \times 19^{41} \times 23^{41} \times 29^{41} \times 31^{31} \times 37^{37} \times 41^{41} \times 43^{41} \times 47^{41} \times 53^{41} \times 59^{41}$$

$\times 61^{41} \times 67^{41} \times 71^{41} \times 73^{31}$

となる。ぜいぜいぜい。

ここにいたり、すでに何冊か不完全性定理の本を読んできた読者は、なぜ、入門書のゲーデル数の例が「0＝0」のような簡単な事例に限られて紹介されていたのか、合点がいったことであろう。そう、ここで考えた「3＋5＝8」という、きわめて簡単な算数の式ですら、こんなに長くなってしまうのだ。要点を説明するには、もっともっと簡単な数式で事足りる。竹内薫は、こんなに長い数式を書いてしまい、バカみたい。そーゆーことである。

で、この方法の素晴らしいところは、あらゆる命題だけでなく、あらゆる証明も背番号で呼ぶことが可能になる点。なぜなら、証明というのは、ぶっちゃけ、命題がずらずらと並んだもののことだから（証明の形を再確認したい読者は、前に戻って、仮言三段論法やモーダス・ポネンスのあたりを再読してみてください）。

無論、命題が無限個あったら意味をなさない（つまり、証明が終わらない）から、証明は必ず有限個の命題の集まりである。ところが、素数は無限個あるので、ゲーデル数に置き換えると、すべての命題、つまり過去に証明されたすべての命題から、これから未来永劫にわたって証明されるであろうすべての命題も、それぞれ固有のゲーデル数で表現することが可能になるのである！　しかも、すべての証明が素数の素数乗の積であらわしてあるので、同じゲーデル数をもつ証明は2つとなく、ゲーデル数から元の証明を復元できるのだ！

たとえば、

$$\frac{P \rightarrow Q,\ P}{\therefore Q}$$

というモーダス・ポネンスのような形の証明の場合を考えよう。PとQのゲーデル数をそれぞれp、qと書くことにすると、「→」のゲーデル数は7なので、「P→Q」のゲーデル数は $2^p \times 3^7 \times 5^q$ と計算できる。そして、このモーダス・ポネンス型の証明全体のゲーデル数は、

$$2^q \times 3^{(2^p \times 3^7 \times 5^q)} \times 5^p$$

となる。ええと、ややこしくてすみません。証明が、

$$\frac{XY}{Z}$$

という形なら、ゲーデル数は $2^z\times3^x\times5^y$ になるんです。ここで、記号Zのゲーデル数を z などとした。

よろしいでしょうか？　とにかく、こうやって、命題も証明も、ゲーデル数の方法によって数字に変換してしまえば、算数に関する複雑な性質ですら、計算できてしまう……、もとい、証明できてしまうのではないか？　そういう流れである。

ふう。ということで、お待たせしました、いよいよ次節では、ゲーデルの証明の「あらすじ」を追ってみたいと思いま～す。

コラム　現代のゲーデル数？

このゲーデル数もしくは符号化だが、現代人にとっては、しごくあたりまえのことでもある。いま私はパソコンのワープロでこの原稿を書いているのだが、メニューの文字パレットに「コード表」というのがあって、ワープロからすぐに呼び出すことができる。パソコンで使われているコードは、文字や記号に数字を割り当てたもの。たとえば、「∨」のコードは「81C9」だし、「ヨ」という「存在記号」のコードは「81CE」である。CやEは数字じゃなくてアルファベットじゃないか、と思われるかもしれないが、これは16進法の立派な数字である。16進法だと数字が足りないので、

0, 1, 2, 3, 4, 5, 6, 7, 8, 9, A, B, C, D, E, F

という16個の「数字」を使う。

文字や記号に数字の背番号を割り当ててコード化するのだから、ゲーデル数と同じなのである。パソコンのワープロも、考えてみれば数字の計算にすぎないのだなぁ。ということは、この本も全部、数字なのか。うーむ。

ちなみに、パソコンのコード表にはいろんな種類がある。いま呼び出しているのは「シフトJIS（X0208）」という体系。最近では「UTF-8（Unicode）」という体系がよく使われている。

■不完全性定理の証明の「あらすじ」

ようやくすべての準備が整った。例によってステップ理解術でゲーデルの定理の「あらすじ」

を追ってみよう。

ステップ1　1変数の命題$F(v)$を網羅した一覧表を作る。並べ方は、その命題のゲーデル数の小さい順とする。（$F_{1番}(v)$, $F_{2番}(v)$, $F_{3番}(v)$, ……）

ここで$F_{3番}(v)$の下付き添え字の「3番」は、3番目に小さいゲーデル数という意味で、実際には「3番」の代わりに具体的なゲーデル数が入る。無限ホテルの場合と同じで、ゲーデル数はものすごくスカスカで、飛び飛びになることに注意。

ステップ2　天下り的だが、

「$F_k(l)$の形式証明のゲーデル数xが存在する」

という命題を考える。これを

$\exists x P(x, k, l)$

と略記する。

ステップ3 命題 $\exists xP(x, k, l)$ のkとlを変数yに置き換え、否定にした命題

$$\sim\exists xP(x, y, y)$$

を考える。これは1変数yをもつ命題なので、ステップ1で作った一覧表のどこかにある。それがたまたま上からn番目だったので、$F_n(y)$と書く。つまり、

$$F_n(y) = \sim\exists xP(x, y, y)$$

ステップ4 $F_n(y) = \sim\exists xP(x, y, y)$ の変数yに（自分自身の背番号、すなわちゲーデル数）nを代入する。すなわち、

$$F_n(n) = \sim\exists xP(x, n, n)$$

ステップ5　ステップ4で作った命題 $F_n(n) = \sim\exists x P(x, n, n)$ の右辺の内容は、（ステップ2を思い出せば）「$F_n(n)$ の形式証明のゲーデル数 x が存在しない」となる。対応するゲーデル数が存在しないのだから、それは、$F_n(n)$ が証明できない、ということだ。でも、左辺を見れば、それは $F_n(n)$ にほかならない。すなわち、「この命題は証明できません」という命題 $F_n(n)$ ができてしまった！

いやあ、ご苦労さまでした。これで読者は、ゲーデルの証明の「あらすじ」を追ったことになる。

あっけなく終わってしまったが、ここは大事なところなので、是非、何度もあらすじを読み返して、全体の流れを頭に入れてください（特にステップ5）。決して、先を急がないように！

■自己言及の魔物が棲んでいる

いくつか補足しておきたい。変数 y に自分自身のゲーデル数である自然数 n を代入すると書いたが、実は、自然数そのものを代入することはできない。うん？　どういうこと？　えーと、y は記号であり、記号は記号で置き換えるしかないからである。

教科書には必ずきちんと書いてあるが、「自然数nに対応する数詞（＝数字）」を代入するのである。ここでnの数詞は、SSSS……0。「次」を意味する「S」がn個ある。名詞、動詞、形容詞、数詞……。聞き慣れない言葉かもしれないが、英語なら「numeral」である。ようするに記号である。インクの染みである。yという記号をnという記号で置き換えるのだ。

ふだんはnという数そのものとnをあらわす記号を区別する必要はない。だが、ゲーデルの証明においては、形式化がキーワードなので、「ひたすら記号操作をしている」という意識をもつことが大切なのだ。

「彼女」という記号を「りな」という記号で置き換えることはできるが、生きているりなを連れてきて、紙にめり込ませて置き換えるのは得策ではない。そんな感じだろうか。

数学者にとっては、nという数自体がどこかの宇宙に実在するものなのかもしれない。

次に、ここに出てきた$F_n(n)$が一種の対角線論法であることに注意していただきたい。命題$F_k(y)$を縦にゲーデル数kの小さい順に並べ、横にはyに代入する自然数の順に並べると、次ページのような表になる。

そして、この一覧表の中の対角線を追っていって、背番号がnで、変数yにもnを代入した命題$F_n(n)$に遭遇したら、そいつはとんでもない奴だった、ということ。$F_n(n)$は自分自身（の

	入力				
	1,	2,	……	n,	……
$F_1(y)$	$F_1(1)$	$F_1(2)$	……	$F_1(n)$	……
$F_2(y)$	$F_2(1)$	$F_2(2)$	……	$F_2(n)$	……
⋮	⋮	⋮	⋱	⋮	
$F_n(y)$	$F_n(1)$	$F_n(2)$	……	$F_n(n)$	……
⋮	⋮	⋮		⋮	⋱

ゲーデル文 $G=F_n(n)$ は対角線上の魔物である！

ゲーデル数 n）を喰らっている「自己言及」の魔物なのだ。

さて、ここでもう一度、嘘つきのパラドックスを思い出していただきたい。クレタ人は嘘つきなのか、嘘つきでないのか？　それは永遠に決定不能のパラドックスなのであった。

今の場合も状況は同じだ。「私は嘘つきです」の代わりに「私は証明できません」となって、証明できるのか、できないのかが、決定不能ということになる！

3つ目の補足。「この命題は証明できません」は真なのに証明できないわけだが、この「真」はいったいどういう意味だろう。

そもそも真偽という概念は、一種の「関数」、いいかえると関係性である。命題論理では真偽表のすべての欄が「T」になっていることを意味する。真理関数の値が恒に真なのだ。その延長線上にあるのが、存在記号∃や全称記号∀が入ってくる述語論理だ。それも関係性、関数だといえる。ゲーデルの証明における「真」の概念も同様だが、すべてが数字（自然数）に変換されているのだから、ようするに、数字どうしの関係性が真なのだ。

　こんな素朴な疑問を抱いている読者もおられるだろう。

「ゲーデルの証明は、そもそも構文論の話だから、数式の変形に過ぎず、意味論の『真』という概念が入ってくるのはおかしいのでは？」

　そう、すでに何度も強調しているように、形式証明は規則的な式の変形にすぎない。真理関数のような外部との関係は出てこない。それなのに、なぜ、「真だけれど証明できない命題」というような意味論的な説明がなされているのか？

　実は、この素朴な疑問は、とっても重要なポイントなのだ。

「ゲーデルの証明に真偽の概念を持ち出すのはけしからん」といきまく専門家は多い。教科書の説明でも「『真』だけれど証明できない命題」というように「真」を括弧に入れることが多い。いったい、何がどうなっているのか。

　実は、ゲーデルの考察にペアノ算術が入ってくるため、このような混乱が起きてしまうのだ。たしかにゲーデルの証明は、純粋に構文論の世界である。だが、「ペアノ算術を含むシステム」

を考え、ゲーデル数の方法により、システム内の式をすべて「数」に翻訳してしまう。そうなると、算術はすなわち数同士の関係にほかならないから、算数の式として「真」であるにもかかわらず証明できない、という気持ち悪い状況が出現するのだ。

「猫」という記号に実物の猫をあてがったり、論理式に1や0を対応させたり（＝真理関数）、そもそも「意味」とは、記号と記号外部との関係性にほかならない。で、ゲーデルの不完全性定理は、ゲーデル数によって、システム内部に含まれる算術との関係性が生じるので、意味が「自然と湧き出てくる」ような感じだ。自分自身について考えるシステム、すなわち超数学ならではの不可思議な現象だといえるだろう。

ただし、「真」という誤解しやすい言葉を使わないでゲーデルの不完全性定理を説明するほうがスッキリする、という考えの専門家も多い。システム内の記号操作からは A も $\sim A$（A の否定）も出てこない、すなわち決定不能な A が存在する、ピリオド、というわけである。

このあたりの問題をもっと追究したい読者は巻末参考文献の『ゲーデルの定理　利用と誤用の不完全ガイド』の2・4節あたりを読むことを強くオススメする。

■ブラックボックスの中を覗いてみる

これで「あらすじ」は終わりだが、正直、「狐につままれた」ような感覚に陥っている読者が多いのではないかと想像する。実際、私も学生時代、ゲーデルの定理の証明がよくわからず、何冊も何冊も教科書を読んだ憶えがある。

なぜスッキリしないかといえば、われわれが論理学者ではないからであり、毎日、記号論理の証明をやっているわけではないからであり、風変わりな1変数命題について真剣に考えたことがないからであり、ないないづくしのせいで、完全に煙《けむ》に巻かれてしまうのだ。

すでに何冊か入門書を紐解《ひもと》いてきた読者は、「また同じもやもやのくりかえしかぁ」と落胆されたかもしれない。そこで、補足として、私自身が学生時代に経験した「もやもや」というか、疑問について書いてみたい。

まず、「k番目の命題が証明できる」という部分がしっくりこない。これは $\exists xP(x, k, l)$ と略記されているが、では、略記しないでゲーデル数を全部書いたらどうなるのか?

実は、ゲーデルの証明の教科書には、それが延々と書かれているし、無論、ゲーデルの原論文にも書いてある。それは信じられないほどの論理式や数式の積み重ねになるので、入門書では、みんな省いてしまうのだ。$\exists xP(x, k, l)$ は、$F_k(l)$という命題の証明のゲーデル数がxであることを意味する。では、$\exists xP(x, k, l)$ をさらに詳しく書くとどうなるのか? 当然、「ナニナニのゲーデル数はxだ」と言う必要がある。また、ゲーデル数は素数なので、素数に関する言明も必要だ。まるで物質を分解して分子にして、その分子を分解して原子にして、さらに分解して素粒子にするように、$P(x, k, l)$ をどんどん分解していくことになる。

つまり、多くの読者が抱くであろう「もやもや感」は、こういったブラックボックスの中身が完全に開示されていないことが原因なのだ。

でも、考えてみれば、現代人の生活はブラックボックスばかりではないか。テレビの中身もパソコンの中身も自動車の中身も、専門家以外には開示されないし、ちょっと説明されただけでは理解はおぼつかない。

ゲーデルの証明の「あらすじ」が「あらすじ」であるのは、大部分、$\exists xP(x, k, l)$ をブラックボックスとして扱っている点にある。「あー、ブラックボックスの中は配線だらけで素人が見たらカオスなのだな」と開き直って、なんとなく理解した気分になるか、「いやいや、自分の目で細かい配線まで全て確かめないと気持ちが悪い」と考えるのか。それが、この先、あなたがゲーデルの原論文や専門書へと進むか否かの分かれ道だ。

■無限に増殖する魔物たち

ところで、決定不能な命題がゲーデルの作った1個だけなら、たいして問題ないじゃないか、という、別のもやもや感があるかもしれない。しかし、カントールが対角線論法を駆使して「一覧表にない」実数を作ってみせたときと同じで、決定不能な命題はいくらでも作ることができる。うん？　どうやって作るの？

決定不能な命題を新たに「公理」として追加した場合、一見、決定不能な命題は消えてしまったかのような錯覚に陥る。だが、あらためて一覧表を作ってみれば、それは改竄《かいざん》前とは別の一覧表なのであり、対角線に別の自己言及の魔物が登場し、新たな決定不能命題が作れてしまう！　まさに、いたちごっこであり、決定不能命題は無限に増殖する。

とはいえ、ゲーデルが作ってみせた$\sim\exists xP(x, n, n)$は、あまりに人工的で技巧的で、どこか辺境の地に棲んでいるドラゴンみたいなもので、学校の算数でお目にかかるような代物ではない。辺境の地どころか、おとぎ話の中の命題、といった感じで、イメージがわかない。もしかしたら、この点が、決定不能命題に関する、さらなるもやもやの原因かもしれない。

ゲーデルの不完全性定理により存在するとされる決定不能命題で、もっと「わかりやすい」例はないのか？

実は、ゲーデルの１９３１年の証明から10年以上たって、１９４３年に、ゲンツェンが最初のわかりやすい例を発見した。１９７７年には、パリスとハリントンが、わかりやすい決定不能命題の2つ目を発見した。その後、グッドステインが3つ目を発見した。そもそも「わかりやすい」というのは主観的なものだから、パリスとハリントンの仕事が最初のわかりやすい例だという人もいる。

ここではグッドステインの決定不能命題をご紹介しておく。

グッドステインの決定不能命題　すべてのグッドステイン列は、いずれは0になって終わる

グッドステイン列 $G(m)$ の m は自然数だ。定義がわかりにくいので、$m=3$ の場合の具体例を見てみよう。

$G(3)$ の列の最初は「3」

↓

列の2つ目は、3を2進法で書いて、2^1+1 とするので「3」

↓

列の3つ目は、「$3=2^1+1$」の2をすべて3で置き換えてから1を引くので、3^1+1-1 となり「3」

↓

列の4つ目は、「$3=3^1$」に出てくる3をすべて4に置き換えてから1を引くので、4^1-1 となり「3」

↓

列の5つ目は、「$3=3^1$」に出てくる4（出てこないわけだが）をすべて5に置き換えてから1を引くので、3^1-1　となり「2」

↓

列の6番目は、「$2=2^1$」に出てくる5（これも出てこないわけだが）をすべて6に置き換えてから1を引くので、2^1-1　となり「1」

↓

列の7番目は、1−1で「0」☜終わりです

ようするに、グッドステイン列のn番目は、n進法で書くだけでなく、べきの部分もn進法で書いてから1を引くのだ。たとえば、35をふつうの2進法で分解すると、

$$35=2^5+2+1$$

だが、ここでべきの部分を $5=2^2+1$ と変形して、

$$35 = 2^{(2^2+1)} + 2 + 1$$

などと書く。あるいは、3番目であれば、ふつうなら3進法で

$$100 = 3^4 + 2 \times 3^2 + 1$$

だが、べきの部分を $4 = 3 + 1$ と変形して、

$$100 = 3^{(3+1)} + 2 \times 3^2 + 1$$

などと書く。そうすると、必然的にたくさんの n が出てくるが、次の（$n+1$）番目では、その n をすべて（$n+1$）に置き換えてから1を引くのである。

まとめると、数そのものも、べきの部分も n 進法で表記し、その n を（$n+1$）に置き換えてから1を引くという、一種の数学ゲームだとお考えください。

で、G(3)は簡単だったが、G(4)になると、とんでもなく長くなり、なんと「$3 \times 2^{402653211} - 1$ 番目」でようやく0になる！　そして、一般のG(m)が0で終わることは、ペアノ算術では証明

不可能なのだ（ただし、ペアノ算術以外の方法で証明することが可能）。

このグッドステイン列は、カービーとパリスが面白い比喩で説明してくれている。ギリシャ神話のヘラクレスは怪獣ヒドラと戦う。ヘラクレスがヒドラの首を1本切り落とすたびに、ヒドラは「グッドステインの規則」に従って新たな首をはやす。とてつもない時間がかかってもいいが、ヘラクレスは必ずヒドラの首を残らず切り落として、殺すことができるだろうか。残念ながら、その答えは、ペアノ算術の枠内では証明することができない！（つまり「ヘラクレスがヒドラを殺せるかどうか」は決定不能な命題なのだ。）

うーん、ゲーデルの不完全性定理の「わかりやすい」例が、このヒドラと戦うヘラクレスなのである。ふざけるな、という罵声が飛んできそうだが、個人的には、ゲーデルの「この命題は証明できません」よりも具体性に富んでイメージもしやすい命題だと思うが、いかがだろう？

■超数学とはなにか

学生時代に私が抱いた素朴な疑問の一つは「なぜ、ゲーデル数が必要なのだろう」というものだった。

そもそも算術は「数」を扱うのである。だから、算術を含むシステム内でなにかを証明しようとしたら、論理学の記号、それから、数どうしの関係、すなわち式（論理記号を含んだ数式）を扱うしかない。たとえば「2より大きい数が存在する」を「$\exists x(x>2)$」という式であらわすことができる。同じようにして、「命題$F_k(l)$の形式証明のゲーデル数xが存在する」も数式としてあらわすことができる。

算術を含むシステム内で、算術を含むシステムについて語るためには、いったん全てを「数」に変換し、その数どうしの関係を吟味するしかない。命題も証明もぜーんぶゲーデル数に変換し、あらためてゲーデル数について語るのである。

第0章でも述べたが、こういうのを「超数学」（metamathematics）という。「超＝メタ」は、ようするに「上から目線で数学について考える」ということだ。いったん高みに登り、その視点からあらためて数学について考えるのである。

哲学によく出てくる「形而上学」（metaphysics）という言葉がある。あれも「物理世界」（physics）を超えて、メタな視線で世界について考えることを意味する。

しかし、あくまでも数学の方法論で考えないといけないので、この「メタ」な視点は空を飛び続けることはかなわず、地面に舞い降りてこなくてはならない。つまり、数学は、単に高みの見物というわけにはいかず、文字通り地に足の着いた数学の証明をする必要があるわけで、そのために、ゲーデル数による計算への落とし込みが必要になるのだ。

「メタな視点」、「ゲーデル数について語る」などと言われても実感がわかないかもしれない。こ

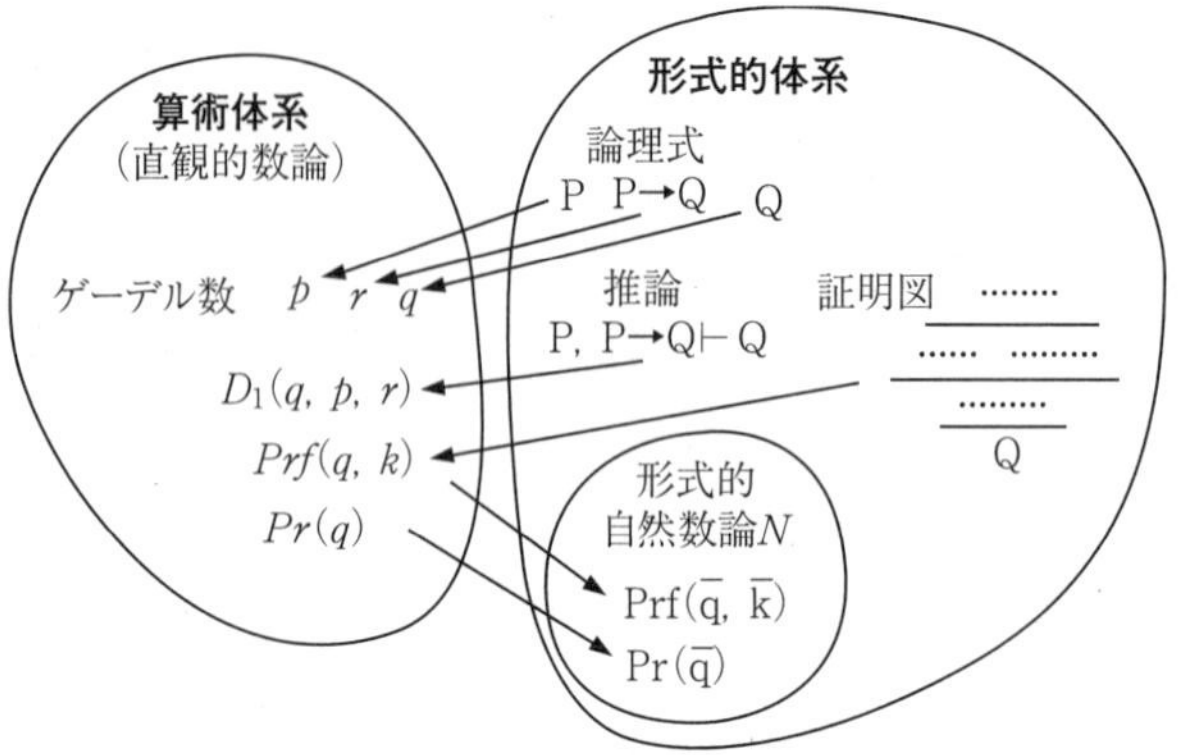

超数学から見た不完全性定理

『ゲーデルの世界』130ページの図を改変

んな比喩はどうだろう。

大きな銀行に行くと、窓口で番号札を渡される。急いでいるあなたはイライラするけれど、もはやあなたは大塚さんでも竹内さんでもなく、28番と137番という数字に変換されてしまった。窓口の人は、あなたの人格や素性には興味がない。なぜなら、ここは金勘定が仕事の銀行なのだ。銀行というシステム内で客について語るためには数字に変換するのが一番。

なんだか、大手銀行への怨念が感じられる例で申し訳ないが、何か別のものに変換されてるんじゃないか、と感じることは現代社会ではよくある。あなた自身が数字に変換されていることが日常茶飯なのだから、算術の性質を数字に変換することで驚いていてはいけません。

コラム

次のレベルに進みたいあなたへ

ここで、「これから中級へと進んでいく意志のある読者」にアドバイスをしておきたい。次のレベルの理解に達したいなら、

1　ゲーデルの原論文に解説つきで挑戦する（この本で大いに参考にさせてもらった『ゲーデルの世界』、あるいは『ゲーデルに挑む』などをじっくり読む）

2　ゲーデルの方法ではなく、それと同等の証明で、自分に合った方法で理解する（この本の第3章のチューリングの方法、第4章の証明可能性論理の方法などをご覧ください）

のいずれか、または両方を頑張ってみてください。

私は、(元) IBMワトスン研究所のグレゴリー・チャイティンというコンピュータ科学者が、「ゲーデルの証明をどうしても好きになれなかった」（『メタマス!』37ページ　G・チャイティン著、黒

川利明訳、白揚社）と述懐しているのを読んで、「これほどの大数学者でも、なんかスッキリしなかったのなら、仕方ない」と、急に気が楽になった憶えがある。

理解というのは個人的なものであり、万能薬は存在しないが、大学者も初めは「わからない」のであり、工夫しながら、少しずつ理解が進むものなのだ。

コラム

完全性と2つの不完全性

数理論理学や数学基礎論の教科書できちんと勉強すると、ゲーデルの完全性定理があり、また、不完全性定理には2つあることがわかる。これらに使われている「完全性」という言葉のニュアンスは同じなのだろうか、それとも異なるのだろうか。

おおざっぱで申し訳ないが、入門レベルでは、ゲーデルの完全性定理は「論理」に関する定理であり、ゲーデルの不完全性定理は「理論」に関する定理だと考えておけばまちがいはない。

また、第1不完全性定理は「ペアノ算術を含むような理論のシステム内では、Pも$\sim P$も証明できないような命題Pが存在する」という内容であり、第2不完全性定理は「公理系が無矛盾であることは、その公理系の中では証明できない」という内容だ。

通常は第1不完全性定理を証明し、その結果を使って第2不完全性定理を証明する。しかし、第4章でご紹介する（様相論理から派生した）証明可能性論理の枠組みでは、第2不完全性定理が比較的かんたんに証明できてしまう。

■スマリヤンのパズルでゲーデルの定理を

この節は、アタマが痛くなってしまった人のための息抜きである。根を詰めてばかりだと疲れてしまう。知的なことがらにもエンタテインメント性は必要だ。

さて、論理学者のスマリヤンは『Gödel's Incompleteness Theorems』という定評ある教科書を書いているが、不完全性定理を主題にしたパズル本も書いている。たとえば『決定不能の論理パズル』（田中朋之他訳、白揚社）という本は副題が「ゲーデルの定理と様相論理」となっていて、パズルを楽しんでいるうちに、自然とゲーデルの定理の意味がわかってしまうという、驚異的なコンセプトとなっている。

このパズル本には、本当のことしか言わない「騎士」とウソしか言わない「奇人」が登場する。彼らは同じ島の住人だ。島には（クラブⅠとクラブⅡの）2つの社交クラブがあって、騎士は必ずどちらか一方のクラブに属しているが、奇人はどちらからも閉め出されている（ウソつきなので）。

「ある日、この島を訪れたあなたはこの島の未知の住人が言ったことから、彼がクラブIの会員であることを推理できたとしよう。その人は何を言ったのだろう?」(13ページ)

面白いパズルである。このパズルを考えることは、ゲーデルが論文を書いたときの思考をなぞるのと同じなのだ。5分くらいでいいので、ちょっと考えてみてください。なお、島の住人が騎士であるか、奇人であるかは、わからないところがミソだ。

あの、スッと読まないで、いったん本を閉じて、目をつむって、本当に考えてみてくださいね。ゲーデルの思考をたどることにより、読者は、ゲーデルの定理の意味が実感できるにちがいない。

そろそろ、よろしいでしょうか?

社交クラブに関する情報が得られたのだから、島の住人は、自分と社交クラブとの関係を述べたはずである。どんな発言が可能だろう?

1　私はクラブIの会員だ

2　私はクラブIの会員ではない

3　私はクラブⅡの会員だ
4　私はクラブⅡの会員ではない
5　私はクラブⅠにもクラブⅡにも属している
6　私はクラブⅠにもクラブⅡにも属していない
7　私はクラブⅠかクラブⅡのどちらかに属している

これくらいであろうか。後ろから分析してみよう。

7は、騎士の発言なら正しいのだろうが、どちらのクラブの所属かはわからない。また、奇人がウソをついている可能性もある。この発言からは、有益な情報は得られない。

6は、パッと見では奇人の発言に見えるが、奇人はウソつきなので、本当のことは言わない。また、騎士は本当のことしか言わないので、6の発言は騎士からも奇人からも出てこない。つまり、6は、ありえない発言ということになる。

5はすぐにウソだとわかる。なにしろ、奇人は両方のクラブから閉め出されており、騎士はどちらか一方のクラブにしか属していないのだから。つまり、5は奇人の発言ということになる。

ここからは1番より分析してみよう。

1が騎士の発言なら、たしかに彼はクラブⅠの会員なのだろうが、奇人の発言だったら、「私はクラブⅠの会員だ」とウソをついたことになる。この住人が騎士か奇人かわからないので、どちらともいえない。この発言からは有益な情報は得られない。

2も1と同じように見えるが、ちょっとちがう。もしこれが騎士の発言だとしたら、この住人はクラブⅡの会員にちがいない。もしこれが奇人の発言だとしたら？　その場合、「私はクラブⅠの会員ではない」は本当なので、奇人の口からは出てこないはずだ。つまり、この相手は騎士で、クラブⅡの会員であることが推理できる！

3は1と同じパターンであり、4は2と同じパターンである。

結局、スマリヤンのパズルの答えは「4　私はクラブⅡの会員ではない」ということになる。で、このパズルがゲーデルの定理と同じパターンをもっているのである。

「［数学の世界］のすべての正しい命題を、（ちょうど上のパズルでの騎士のように）2つのグループに分けたとしよう。グループⅠには、正しいが証明することはできない命題が入り、グループⅡには、正しく、証明もできるものが入る。ゲーデルは『自分はグループⅡに入っていない』と主張する命題を作ってみせたのである。結局、その命題は『このシステム内において私は証明不可能だ』と主張している」（13ページ）

騎士と奇人のパズルの答えを考えついた読者は、ゲーデルの思考パターンをなぞったことになる。なんとなく「わかった」気持ちに近づけたであろうか。

■ゲーデルの最期

すでに述べたが、ゲーデルの名前は、数理論理学だけでなく、物理学でも知れ渡っている。プリンストン高等研究所の同僚であったアインシュタインによる一般相対性理論を深く研究し、過去と未来がつながっているような奇妙な宇宙の解を発見した。

ゲーデルの宇宙は、われわれが棲んでいるこの宇宙においては「フィクション」にすぎない。だが、われわれの宇宙の外に別の宇宙がたくさんある、という可能性を主張する物理学者もいるから、もしかしたら、実際に過去と未来がつながっているような宇宙がどこかに存在するかもしれない。

ゲーデルの宇宙は、不完全性定理の証明と似たところがある。どちらも理論の「極限」を徹底的に考察しているのである。その結果、ペアノ算術を含むシステム内では証明不可能な命題が出現した。一般相対性理論の研究では、宇宙の回転により、時間軸がねじまがり、過去と未来がくっついてしまい、結果的に「時間のない」宇宙が出現した。

ゲーデルは大人になってから十二指腸潰瘍になったことがあり、それ以降は、自分の健康状態にさらに神経質になり、極端なダイエット生活を始めた。兄ルドルフは放射線医だったが、ゲーデルは医学においても、数学同様、自分の規則に固執し、兄のアドバイスに耳を傾けようとはしなかった。

ところで、ゲーデルの数少ない理解者であった妻アデルについて少し触れておこう。ゲーデルは1927年、21歳のとき、ウィーンの「蛾」(Der Nachtfalter)という名前のナイトクラブで踊り子をしていたアデルと出逢った。二人はすぐに恋に落ちたが、アデルがゲーデルより6歳年上で既婚であったことから、ゲーデルは両親の猛反対を受けてしまう。別に6歳年上で既婚でもかまわないと思うが、ゲーデルの母は父より14歳年下だったので、家庭の常識が許さなかったのかもしれない。また、ナイトクラブのダンサーというアデルの職業も問題だったのかもしれない。

しかし、ゲーデルは、学問や病状だけでなく、異性に対しても頑固一徹だったようで、1938年にゲーデルとアデルはめでたく結婚することになる。

ナチスの台頭により、ゲーデルが(事実上)アメリカに亡命してからも、アデルは神経質なゲーデルを支え続けた。晩年、ゲーデルは自分が誰かに「毒殺」されるという妄想に取り憑かれ、ほとんど食事を摂らなくなってしまったが、アデルは献身的にゲーデルに付き添い、彼が訝《いぶか》しがる食事の「毒味」を続けたが、やがてアデル本人も病床に伏してしまう。

周囲にドイツ語で気さくに話すことができる人物がいなくなり、ゲーデルの妄想はさらに激しくなり、最期は「飢餓性衰弱」で亡くなった。1978年1月14日のことであった。

◆第2章まとめ

・ゲーデルは「真であること」と「証明できること」が必ずしも一致しないことに気づいた。
・つまり、数学においては意味論と構文論の守備範囲が微妙にズレている。
・そのズレは「この命題は証明できない」というゲーデル文によって示される。
・ゲーデルはゲーデル文を構成するために数学の記号や証明をゲーデル数に変換した。
・ゲーデル数によって自分の番号を呼ぶことが可能となった。すなわち、自己言及が可能となり、「この命題は証明できない」が証明される。
・それは一種の対角線論法である。
・ゲーデルは妄想を抱き、栄養失調で亡くなった。

第3章　チューリングの辞書に「停まる」という文字はない

◇微小説「は、自分の引用が前に来るとウソになる」

電車のつり革につかまって、ぼんやりと外の景色を眺めていたら、ビルの上の真っ白な看板に目が留まった。初老のコーカサス人風の男の口からは漫画みたいな吹き出し。そこに「は、自分の引用が前に来るとウソになる」と書いてあったのだ。男は微笑んでいるが、目だけ笑っていない。どこかで見た顔のような気もするが思い出せない。アメリカの東海岸あたりの哲学者だったかしら。

「は、自分の引用が前に来るとウソになる」

ヘンな人と思われても困るので、周囲に聞こえないような小声で呟いてみる。意味不明

だ。いったい何の広告だろう。自分というのは、

　は、自分の引用が前に来るとウソになる

という文を指しているにちがいない。だから、その引用というのは、括弧に入れた「は、自分の引用が前に来るとウソになる」ということだ。もっとも、これだと声に出してしゃべったのと混同してしまうから、〝は、自分の引用が前に来るとウソになる〟と、別の括弧記号を使ってみるとするか。で、自分の引用が前に来るというのは、

　は、自分の引用が前に来るとウソになる

の前に〝は、自分の引用が前に来るとウソになる〟が来るというんだから、

　〝は、自分の引用が前に来るとウソになる〟は、自分の引用が前に来るとウソになる

ということだ。うん？　なにコレ。全然、意味わかんないぞ。

いや、落ち着いて論理的に考えてみよう。

そもそもコレはウソなのかホントなのか？　自分の引用が前に来るとウソになると言ってるんだから、たぶん、ウソなんだろう。つまり、

〝は、自分の引用が前に来るとウソになる〟は、自分の引用が前に来るとウソになるという文はウソである

ということだ。でも、……。ここで一分ほど、私の思考は逡巡した。気持ち悪い。まるでサルトルがマロニエの根っこを見て嘔吐しそうになった理由がわからなかった青春時代のような、あの気持ち悪さが戻ってきた。

これは罠だ。だって、

〝は、自分の引用が前に来るとウソになる〟は、自分の引用が前に来るとウソになる

という文が仮にウソなら、それはホントだということになる。だって、自分で、引用が前に来たらウソになるぞ～って、宣言していたんだから。実際にウソになったのなら、発言自体

はホントということだ。

直接、自分について自己言及するわけではない。だが、引用という遠回しな方法を用いて、間接的に自己言及している。

気がつくと、また、ビルの黒い看板が目に留まった。そこには、さきほどの男と吹き出しがあり、「最も短いクワインプログラムを書け」と書いてあった。そして、男の胸には「WVOクワイン」という名札がついていた。

そうだ、この男はハーバードの論理学者クワインであり、最初の白い広告の文は「クワイン化」と呼ばれている有名なパラドックスだった。思い出した。ふ、鬼のプログラマーと呼ばれた私としたことが、ふがいない。プログラムを実行すると、そのプログラムの文そのものを出力するような奇妙なプログラムを「クワイン」と呼ぶ。つまり、コンピュータプログラムのクワインは、自らの引用を出力する。これはプログラマーの遊戯だ。そして、最も短いクワインのプログラムとは——

３つ目の広告が見えてきた。私は思わず大声で笑い出したい衝動にかられた。グレーの広告には、やはり微笑んだクワインの顔とまっさらな吹き出しだけが描かれていたからである。

念のための註：右の結末の意味がピンとこない人は、ネタバレになってしまうので、しばらく考えてから、以下をお読みください。念のため、5行ほど空けておきますので。

「」というまっさらなプログラムからは何も出力されない。いいかえると「」という無文が出力される。ゆえに最も短いクワインプログラムは、まっさらな「」ということになる。ちょっとズルいけどね（笑）。

■チューリングの肖像

私が好きな『ドリアン・グレイの肖像』という小説がある。作者のオスカー・ワイルドは、1895年、人気絶頂の41歳のときに男色の罪で告発され、敗訴、破産を宣告され、投獄されてしまう。ワイルドは、アルフレッド・ダグラス卿と恋人関係にあったのだが、息子アルフレッドを心配した父親との告訴合戦に負け、事実上、イギリス社会から葬られたのである。この父親は9代クィンズベリー侯爵ジョン・ダグラス。大貴族と喧嘩して負けたわけだ。

それから半世紀以上もたった1952年に、同じ男色の罪で逮捕された天才数学者がいた。彼の名はアラン・チューリング。

チューリングは、現代生活に欠かせないコンピュータの生みの親であり、計算可能性の分野で画期的な業績をあげている。それだけでなく、人工知能と人間の差に着目した「チューリング試験」を提唱したり、ニューラルネットワークという分野の草分けでもある。植物の形に注目し、たとえばひまわりのタネの配列の規則性にフィボナッチ数列が隠れている理由を解明しようとし、計算シミュレーションによる生物形態学の基礎も築いた。そればかりではない。第二次世界大戦中は、ナチスドイツの暗号解読の仕事に就いていた。統計数学の手法を駆使し、ドイツ海軍、特に連合軍にとって頭痛の種だったUボートの連絡に使われていた暗号の解読にも成功している。

■友人の死と心脳問題

1912年にイギリスの中産階級の家に生まれたチューリングは、インドに赴任していた両親がイギリスに帰国する1926年まで、兄ジョンとともに、いくつもの家庭に預けられて幼少時代を過ごした。ごくふつうの子供で、特に科学に才能を示したこともない。

しかし、一冊の本との出逢いがチューリングの人生を変える。『*Natural Wonders Every Child Should Know*』（どんな子供でも知っておくべき自然の驚き）という本が、チューリングの中に眠っていた科学への情熱を呼び覚ます。

母親は科学にのめりこむ息子の将来を案じていた。イギリス社会で順調に出世するためには、まずパブリック・スクールに入らなければならない。日本でいうところのお受験である。だが、当時のパブリック・スクールでは、人文系の素養が重視されたため、科学ばかりに興味をもっていては、そもそも受験に失敗する恐れがある。この母親の心配は杞憂《きゆう》に終わり、チューリングはシャーボーン校（Sherborne School）に無事、入学する。この男子寄宿学校は1550年創立の伝統あるパブリック・スクールで、その起源は8世紀まで遡ることができる。だが、学校の校長は、チューリングの才能を見抜いており、「もしこの子が将来、科学の専門家になるのであれば、パブリック・スクールに通うのは時間の無駄だ」と語っていた。

科学の才能だけが突出していたチューリングの当時のノートには、アインシュタインの相対性理論について書かれたものもあり、ほとんど科学論文レベルの理解に達していたが、人文系の科目の成績が悪かったため、あやうく落第しそうになる始末だった。

そんなシャーボーン校における、チューリングの心の救いは、16歳のときに友達になったクリストファー・モーコムの存在だった。モーコムはチューリングより学年が一つ上だったが、少年たちの友情は篤く、毎日、ふたりだけの知的な会話が交わされた。だが、その2年後、モーコムは急死してしまう。

死んでしまったモーコムの身体がアミノ酸などの化学物質だけからできていたのだとすると、あの知的な会話を紡ぎ出していた彼の心は、いったいどこにあったのか。彼の心はどうやって、単なる物質によって作られていたのだろう。

思春期のまっただ中で親友を失ったチューリングは、心と身体の関係、いまでいうところの心脳問題について真剣に考えるようになった。この体験は、後年、人工知能の「人間性」を判定するチューリング試験の論文へとつながることになる。

■ケンブリッジ大学

ケンブリッジ大学キングス・カレッジに入学したチューリングは、（心と）物質の本質を解き明かすべく、量子力学を勉強し、ボートを漕ぎ、走り、小型ヨットに乗った。いまどきの日本だったら、ボート部に属したら、もうそれ以外の活動をする時間などないだろうが、古き良きイギリスの大学生活だったのだろう。

計算機科学の始祖とも称される天才チューリングには、瘦せた、弱々しい身体のイメージがつきまとうが、実際には屈強なスポーツマンであり、かなり後の話になるが、怪我さえなければ1948年のオリンピックの長距離走のイギリス代表になる可能性すらあった。

さて、1934年にキングス・カレッジを優秀な成績で卒業したチューリングは、1935年にはキングス・カレッジのフェローシップを受け、1936年には確率論によってスミス賞をもらっている。スミス賞は数学や物理学の優秀な論文を書いた学生2名に与えられる、ケンブリッジ大学の賞。論文とは別に試験の成績優秀者にも同じ名前の賞が与えられる。

チューリングは、イギリスの理科系の俊英が集うケンブリッジでも、ずば抜けた才能をもっていたことがわかる。

チューリング　©Granger/PPS

■チューリング機械とはなにか

さて、ここら辺で、チューリングの最大の業績とされる1936年の論文「計算可能性とその決定問題への応用」の話に入っていこう。

決定問題とは、数学の個々の問題が真か偽かを決定する手順のことだ。たとえば命題論理は真偽表の方法が存在するから決定可能だ。でも、(ふつうの)述語論理は決定可能ではない。

チューリングは決定問題を考察していく過程で、ゲーデルの不完全性定理と同じことを全く別の視点から証明した。チューリングは、公理や推論規則といった道具の代わりに「計算する機械」を考えたのである。その計算機械を「チューリング機械」と呼ぶ。

チューリング機械は、一言でいえば「コンピュータの原理」のことである。いや、「原理的なコンピュータ」というべきか。ようするに、誰もが使っているパソコンの内部でおこなわれている計算の本質というかプロセスを抽出した仮想的なコンピュータなのだ。

現実のパソコンの内部では、驚くほど複雑なことがおこなわれている。速く計算するための知恵もあれば、計算結果を格納したり、情報を圧縮したりする技術も必要だ。計算機の技術者たちは、いかに便利で安全で堅固なパソコンを作るかで、数え切れないほどの特許を取って競っている。

チューリング機械は、そういった実用面での特許や工夫の対極にある。計算機械に必須の機能しかないからだ。チューリング機械は計算機械の「原理」を抜き出したものなのだ。時代を先取りしていたチューリングは、「計算」のエッセンスを抽出し、計算機械を詳しく分析することに

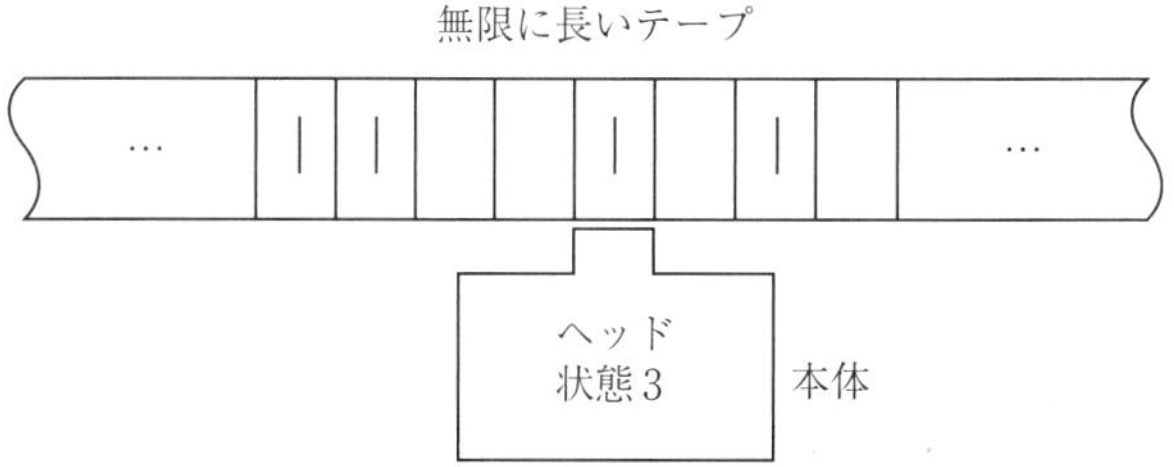

チューリング機械

より、計算可能性についての深い洞察を得た。

さて、チューリング機械がパソコンの原理だけ抜き出したものだと言ったが、実はちがう点もある。第一に、チューリング機械には無限のメモリーが搭載されている。どんなに高価なパソコンでも、インターネットのクラウドを使っても、無限のメモリーがあるわけではないから、これは神様のパソコンみたいなものだ。

また、チューリング機械は決してエラーを出さない。うちの愛機のマックは、しばらくメンテナンスをしていないと、突然フリーズしたりする。それがまた可愛い……というのはどうでもよくて、現実のパソコンとちがって、チューリング機械はフリーズしないし、まちがった答えを出すこともない。やはり神様のパソコンなのだ。

で、そんな神様のパソコンは、上のような恰好をしている。

チューリング機械は、本体兼スキャナー兼プリンターのようなヘッド部と、無限に長い記録媒体（テープ）からできている。へ

ッド部は、ある時間にテープの情報を読み取り、あらかじめメモリーに入っているプログラムに応じて、次の動作へと移る。テープには枠があり、ヘッドはそこに印字したり消去したりできる。1つの枠内に印字できるのは「|」という縦線1本だけである。「|」は数字の0を意味し、2つの枠に「||」と並ぶと数字の1、3つの枠に連続して「|||」と並ぶと2となって、縦線の数がn本並ぶと数字の$(n-1)$を意味する。テープの動きは、単位時間に1枠だけである。チューリング機械にはヘッドの「状態」があり、その状態は、テープの読み取り情報によって、刻々と変わる。

■チューリング機械の動きを見てみる

ここでは例として$f(k)=k+1$（kは自然数）という計算をするチューリング機械を見てみよう。まず、有限のメモリーに搭載されているプログラムはこんな感じ。左端の「状態」の下の1～11が本体（ヘッド）の状態を示し、そのときスキャンしたテープの値が「空白」か「|」かで、次に実行する2つの命令が区別される。

このプログラムは表になっている。Cは「中央に留まる」、Lは「左へ1つ動く」、Rは「右へ1つ動く」。また、「R3」は「右へ1つ動いて、状態3になる」、あるいは、「PR9」は「テープに

状態	テープの印字	
	空白	|
1	C0	R2
2	R3	R9
3	PL4	R3
4	L5	L4
5	L5	L6
6	R2	R7
7	R8	ER7
8	R8	R3
9	PR9	L10
10	C0	ER11
11	PC0	R11

チューリングの計算機械
『Mathematical Logic』237 ページより

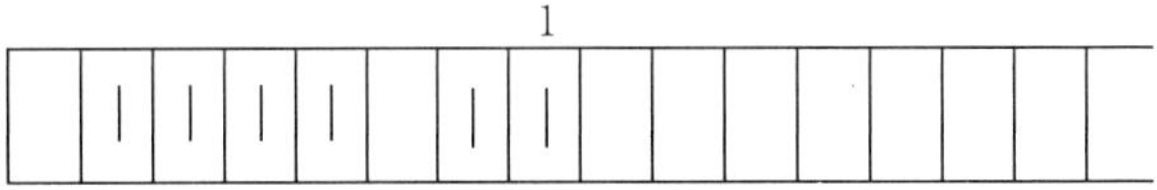

チューリング機械のテープ
『Mathematical Logic』237ページより

印字して、右に1つ動いて、状態9になる」、そして、「ER7」は「テープの文字を消去して、右に1つ動いて、状態7になる」という意味だ。

テープの枠内は、空白か「|」が印字されているかのどちらかで、たとえば前ページの下図のようになっている。

これを便宜上、

$01111011^{1}000000$……

とあらわす。

さて、たとえば、ヘッドの状態が3のときにテープをスキャンして「0」、すなわち空白だったら、プログラムの命令は「PL4」なので、「|」を印字（Print）して、左（Left）に1つ動いて、状態4になる、ということである。

時間ごとのチューリング機械の変化の一例を記述したのが、次ページの図である。（1^{1}、0^{2}、0^{3}など、指数が機械の状態を表示しているとともに、ヘッドの位置を示す）

時間0ではテープには「||」、すなわち数字の1が印字されている。そして、時間23にいた

時間	テープの印字						
0	0	1	1^{1}	0	0	0	0
1	0	1	1	0^{2}	0	0	0
2	0	1	1	0	0^{3}	0	0
3	0	1	1	0^{4}	1	0	0
4	0	1	1^{5}	0	1	0	0
5	0	1^{6}	1	0	1	0	0
6	0	1	1^{7}	0	1	0	0
7	0	1	0	0^{7}	1	0	0
8	0	1	0	0	1^{8}	0	0
9	0	1	0	0	1	0^{3}	0
10	0	1	0	0	1^{4}	1	0
11	0	1	0	0^{4}	1	1	0
12	0	1	0^{5}	0	1	1	0
13	0	1^{5}	0	0	1	1	0
14	0^{6}	1	0	0	1	1	0
15	0	1^{2}	0	0	1	1	0
16	0	1	0^{9}	0	1	1	0
17	0	1	1	0^{9}	1	1	0
18	0	1	1	1	1^{9}	1	0
19	0	1	1	1^{10}	1	1	0
20	0	1	1	0	1^{11}	1	0
21	0	1	1	0	1	1^{11}	0
22	0	1	1	0	1	1	0^{11}
23	0	1	1	0	1	1	1^{0}
24	0	1	1	0	1	1	1^{0}

チューリング機械の計算

『Mathematical Logic』237 ページより

状態	命令	
	0	1
1	0C0	1R2
2	0R3	1R9
3	1L4	1R3
⋮	⋮	⋮
10	0C0	0R11
11	1C0	1R11

記述を簡略化したチューリング機械の命令

『Mathematical Logic』242 ページより

り、数字の1の右に（ひとつ空白をはさんで）「｜｜｜」、すなわち数字の2が印字されている。つまり、このチューリング機械は、$f(k) = k+1$ を計算するプログラムを持っており、初期状態にテープから「｜｜」を入力されたので、それに1を足して、答えの「｜｜｜」を印字して計算を終了したのである。

向学心旺盛な読者は、別のテープを用意して、このプログラムがうまく働くことを確認されたい。

なお、あとで必要になるので補足しておくと、印字が「｜」だけでは不便なので、1から9までの数字を印字できるようにして、PrintのPは省略してしまうことも可能だ。そのほうがプログラムの記述は簡単になる。たとえば、ここで考えているプログラムなら、図のように書くことができる。

たとえば、1行目の「C0」は「0C0」になる。「0を印字してそのまま動かず状態0になる」になるのだ。「0を印字して」の部分が余計だと思われるかもしれないが、そもそも状態0だったので、さらに0を印字しても、何も変わらないことに注意していただきたい。

あるいは、10行目の「ER11」は「0R11」になる。「0を印字して右に動いて状態11になる」ということで、やはり「0を印字して」が余計に見えるが、スキャンした部分が状態1だったところに0を印字するというのは、早い話が「1を消去する」のと同じであることに注意すれば、この新しい記法でも大丈夫なことが理解できるだろう。

さらに、表ではなく、カンマ（,）とセミコロン（;）で区切って、横一列にプログラムを並べて書くことも可能だ。こんな具合に——。

0C0,1R2 ; 0R3,1R9 ; 1L4,1R3 ; …… ; 0C0,0R11 ; 1C0,1R11

これもあとで使うので憶えておいてください。

ちなみに、私がチューリング機械に初めて接したのはクリーネの『Mathematical Logic』という教科書である。１９６７年に出版された本で、数理論理学の初歩から始まって、後半では、チューリング機械の説明からゲーデルの定理の証明までをうまく説明している。非常にていねいな良書であった。今でもDover Publicationsからリプリント版が手に入る。まさに、時代を超えた入門書なのだなぁ。

■原始帰納的な計算

さて、チューリングは、この自ら考案した計算機械を使って、計算が「停まるかどうか」という難問を解決した。それを「チューリング機械の停止問題」と呼ぶ。しかし、なぜ、計算可能性の問題が停止うんぬんと関係するのだろうか。

計算可能性と停止問題の関係を理解するために、パソコンでの具体的な計算をいくつか見ることにしよう（教科書なら、チューリング機械で延々と論じてもかまわないが、1万円の品物を買うのに、すべてを円の基本単位である1円玉で払うのが厄介であるのと同じで、すべてを原理的にやるのは大変。以下、パソコンというのは、チューリング機械と読み替えてください）。

さて、いきなり難しい言葉で恐縮だが、必ず停まって（正しいかまちがっているかは別として）答えが出る計算を専門用語で「原始帰納的」という。ちょっとでもコンピュータのプログラミングをかじったことがある人なら、BASICという初歩的なコンピュータ言語に、

For i=1 To 100

（ココに具体的な計算式が入る）

というような繰り返しの命令文があるのをご存じだろう。このような命令で計算できるのが原始帰納的、あるいは、「計算できるもの＝関数」という言葉をつかうのであれば、原始帰納的関数と呼ぶ。

プログラム言語にあまり関心がない読者のために解説しておくと、iが「何回目の計算か」をあらわしており、今の場合、1回目から100回目まで、計100回の計算をおこなうことになる。「For i=1 To 100」は「iが1から100まで」という意味だ。1回目の計算が終わると「Next i」、すなわち「次のi」になって、2回目の計算が始まる。

あれ？ 計算可能性や不完全性の話が読みたいのに、なんだかプログラムの話に脱線してやしませんか？ 大丈夫ですか、竹内さん。

うーん、一部読者の不満の声が脳裏に響くが、一見、遠回りに見えて、こうやってプログラムの説明をしたほうが、多元的な理解ができるのだ。私自身、不完全性定理と計算可能性の教科書をたくさん読んできて、自分が心底「わかった」と感じたものだけを「復習」としてご紹介しているので、どうか、私を信じてお付き合い願いたい（それでも個人差はあるから完全には保証できませんが……読者の反応は計算不可能なので……)。計算とプログラムは同じ概念であり、関係のない脱線をしているわけではないのだ。そこんとこ、ヨロシク。

さて、具体的な計算式として、

x＝x＋1

としてみよう。これもプログラミングに馴染みがない人には、理解しがたい式に見えるが、その意味は、

新しいx＝古いxに1を足す

ということにすぎない。xの初期値を0とすれば、プログラムは、

```
x=0
For i=1 To 100
  x=x+1
```

```
Next i
```

となる。もっとも、これだけでは、パソコンは勝手に計算をして、勝手にメモリーに答えを溜め込むだけで、画面には何も出て来ない。ひとが質問したのに、勝手に頭の中で何かを考え、だんまりを決め込んでいる、変な人みたいだ。そこで、画面に答えをプリントさせてみよう。

```
x = 0
For i = 1 To 100
  x = x + 1
  Print x
Next i
```

プログラム言語を習いたての人が誰でもやることだが、これだと、パソコンは毎回、x の変化を画面に印字し続けるから、

```
1
```

2
3
4
……
100

と数字が縦にずらりと並んでしまう。

まあ、これ以上は解説のためには必要でないので、プログラムを学びたくなった人は巻末の参考書を読んでいただくとして、だいたいの感じはつかめたのではないだろうか。

いろいろと具体的な計算式を挿入することで、この繰り返しの命令は、さまざまな計算をやってくれる。

ポイントは、この種のプログラムの場合、計算回数の上限をあらかじめ指定しているので計算が必ず停止する、ということ。具体的には、今の場合、100回で計算は停止し、答えを印字する。

この種のプログラムは原始帰納的である。「原始」というのは「初歩的」というような意味であり、簡単な計算しかできないことを意味する。そりゃそうだ。あらかじめ計算回数の上限がわかっていない場合は、この種のプログラムでは組むことができない。

必ず停止するけれど、計算能力が低い。それが、原始帰納的関数もしくはプログラムの宿命だ。

コラム

ボナッチの息子と帰納的定義

こんな問題を考えてみてほしい。

問題 ひとつがいのウサギは、生まれて2ヵ月目から、毎月、ひとつがいずつ子供を生む。一年後にウサギは何つがいになっているだろう? ただし、ウサギは死なないとする。

有名なフィボナッチの問題である。これは、ひと月ごとに何羽になるかを書いていけばいい。最初の0ヵ月と1ヵ月は、ひとつがいのままだ。2ヵ月目になると子供が生まれて、つがいの数は2になる。以下、子供が成長して2ヵ月目からは、つがいを生むことになるから、数はどんどん増えて、次のような数列になる。

0, 1, 1, 2, 3, 5, 8, 13, 21, 34, 55, 89, 144, 233, 377, 610, 987, ……

これを「フィボナッチ数列」と呼ぶ。ちなみに、フィボナッチは「ボナッチの息子」という意味で、本名はレオナルド・ダ・ピサ（ピサのレオナルド）。レオナルド数列と呼ぶと、レオナルド・ダ・ヴィンチのことだと思ってしまうから、フィボナッチ数列のほうがよい。

さて、この数列、ようは、「前の2つを足す」という操作でつくることができる。ただし、1番目と2番目だけは、0、1と定義しておく。つまり、nが0以上の自然数のとき、

$$F_0=0$$
$$F_1=1$$
$$F_{n+2}=F_{n+1}+F_n$$

という具合に「帰納的」に定義できるのだ。

では、原始帰納的なプログラムより幅広い計算ができるプログラムは、どう呼ばれているかといえば、「一般帰納的」という。それは、ふたたびBASIC言語で書くのなら、

```
x = 0
While x < 101
  x = x + 1
Wend
```

というように「While～Wend」(～の間、計算を続けよ。Wendは「WhileのEnd」の意)という命令文で書くことができる。なんだ、「While x<101」は「xが101未満の間、計算を続けよ」という意味なのだから、ここに計算の上限が書き込まれているじゃないか。たしかに、その通り！　実は、ここに書いた「おもちゃのプログラム」は、前節の原始帰納的な「For～Next」という命令でも書くことができるわけだ。

あまりプログラミングの話に深入りしたくないので、あえて例はあげないが、一般帰納的な「While～Wend」命令文でないと計算できないような関数が存在する。いいかえると、原始帰納的な「For～Next」では計算できないような関数も一般帰納的な「While～Wend」なら計算で

きる。じゃあ、最初から「For～Next」なんか使わないで、ぜんぶ「While～Wend」でやったらいいではないか。無論、それでかまわないのだが、世の中、ギブアンドテイクになっていて、タダで便利になるわけじゃない。計算できる関数の範囲は格段に広くなるけれど、「While～Wend」の「～」の部分、すなわち条件が永遠に満たされなかったらどうなるか、という新たな問題が生じてしまう。この部分は、あらかじめ上限を設定するとは限らない。たとえば2つの値を比較して、最初のほうが後のほうより小さい限り、というような条件だったらどうなるか。もしかしたら、そんな条件は、いくら計算回数を重ねてもやってこないかもしれない。有限の時間内に繰り返し計算、すなわちループが終わらないような場合を「無限ループ」と呼ぶ。パソコンのプログラムを習いたてのころ、プログラムを走らせても画面に何も表示されず、エラーでフリーズしているのか、それとも延々と計算を繰り返しているのか、わからなくなることがある。誰でもハマる落とし穴。それがプロローグで遭遇した無限ループなのだ。

「For～Next」は安全だが力不足。「While～Wend」は実用的だが無限ループに入る恐れがある。

チューリングの停止問題は、実用的な計算につきものの「計算は終わるか」、あるいは「プログラムは停止するか」という、切実な問題だったのである。

■停止問題の証明のあらすじ

チューリング機械は一般帰納的な関数を計算することができる。チューリングは、チューリング機械の計算が停まらない場合があることを証明した。

ここでは、カントールの対角線論法を応用して、停止問題の証明のあらすじを追ってみよう。例によってステップ理解術でいく。

ステップ1　あらゆる計算にそれぞれ特化したチューリング機械Tに背番号（添え字）をつけて縦に並べる

ステップ2　Tに入力できるデータ（1、2、3、……）を横に並べる

ステップ3　各チューリング機械に1、2、3、……を入力した出力結果を次ページのように一覧表にする（ここで疑問符は「計算が終わらない」ことを意味する）。すなわち、この表は、あらゆる可能なチューリング機械にあらゆる可能な値を入力した結果であり、機械が停止して具体的な数値を出力するか、停止せずに走り続けるかは決まっていると仮定。↑ココ重

出力結果 \ 入力	1	2	3	4	5
T_1	⑤	10	12	?	5
T_2	?	?	4	?	8
T_3	4	?	⑨	5	?
T_4	?	7	?	④	10
T_5	?	5	?	3	?
D	6	0	10	5	0

万能チューリング機械

http://plus.maths.org/content/what-computers-cant-do

要！

ステップ4 出力の対角線を丸で囲んで、各出力を変えてしまう。どう変えてもいいが、たとえば「1を足す」ことにしよう。ただし、計算が終わらない「?」の場合は「0」に変えることにする。この結果を与えるチューリング機械をDと呼ぶことにする。

ステップ5 ステップ4で作ったチューリング機械も、チューリング機械である以上、一覧表のどこかにあるはずだが、それはT_1ではない。なぜならT_1に1を入力した結果が異なるから。同様に、それはT_2でもないし、T_3でもないし……一覧表のどこにも載っていない！

ステップ６　チューリング機械Ｄがチューリング機械の一覧表に載っていない矛盾は、そもそもの仮定がまちがっていたからにほかならない。すなわち、任意のチューリング機械が停止するかしないかは決められないのである。ピリオド。

かなり簡略化して、証明のあらすじを追ってみたが、考え方はカントールの対角線論法と同じなので、ほとんどの読者が理解できたはずだ（万が一、よくわからなかったら、カントールの対角線論法をもう一度きちんと頭に入れてから、ふたたび停止問題の証明の流れを追ってみてください）。

ちなみに、「停止問題」という呼び方は、チューリングではなくマーティン・デイビスが１９５８年に使って以降、広まったものらしい。チューリング自身が自分の論文などで「停止問題」という言葉を使った証拠はない。念のため。

また、この一覧表のことを「万能チューリング機械」と呼んでいる。世の中には、惑星軌道の計算とか、気候変動の計算などに特化した専用計算機があるが、そうではなく、さまざまな計算に使うことのできる汎用コンピュータ、つまり、ふつうのパソコンも存在する。個別のチューリング機械は、特化したコンピュータ、そして、万能チューリング機械は、究極の汎用コンピュータとみなすことができる。

本書のプロローグとの関連でいえば、「無限ループに陥るか否かを検査する万能プログラムは存在しない」ということが証明されたわけだ。

この節の最後に確認しておこう。計算可能関数、チューリング機械、プログラムという言葉は、ほぼ同義である。そして、停止問題が意味するのは、世の中には計算不可能な関数も存在する、ということだ（実際、無数に存在する）。

■停止問題から不完全性へ

チューリングの停止問題の証明は、典型的な対角線論法だが、教科書などでは、本書のような図式的な説明ではなく、次のように書いてあることが多い。

$$\psi(a) = \begin{cases} \varphi_a(a)+1 & \exists x \mathrm{T}(a,a,x) \text{ のとき} \\ 0 & \text{それ以外のとき} \end{cases}$$

で定義される関数は計算不能である

ここで、$T(i, a, x)$は、i番目のチューリング機械（T_i）で、数字aを与えたとき、時間xが

くると関数 $\phi_i(a)$ を計算する。ようするに、前節に出てきたプログラムの一覧表と同じなのだが、計算の終了時間 x が明記されている。

で、$T(a, a, x)$ は、チューリング機械の番号と入力データが同じなので、一覧表上の「対角線」を意味する。

$\sqcup\!\!\sqcup xT(a, a, x)$ は、計算が終了する時刻 x が存在する、という意味だ。つまり、関数 $\phi_a(a)$ の計算プログラムが（有限時間内に）停止する、ということ。停止するときは「1を足す」のである。これは前節でやりましたな。

となると、「それ以外のとき」というのは、「停止しないとき」ということで、前節の一覧表では「?」であらわしていた。停止しないときは「0に置き換える」わけだ。

教科書風にきれいに書かれると、対角線論法であることがわかりにくいが、結局は、（時間 x の明示をのぞけば）前節の一覧表に入っていない場合を述べているにすぎないことがわかる。

しかし、$\sqcup\!\!\sqcup xT(a, a, x)$ というような書き方にもメリットはある。これって、前にどこかで見た憶えがあるような……。そう、第2章のゲーデルの定理の証明のあらすじのところに出てきた $\sqcup\!\!\sqcup xP(x, n, n)$ に酷似している！

もちろん、対角線上の計算結果をあらわすのに添え字の a を使おうが、n を使おうが、やっていることは同じだ。n や a それ自体に意味がないことを示すために、あえて、別のアルファベットを使っていたりします、そこんとこヨロシク（じゃあ、xも別のアルファベットにしろよ、と突っ込まないでいただきたい）。

では、$Шx T(i,a,x)$ と $Шx P(x,i,n)$ は同一視していいのか？

技術的なことをおいておくのであれば、同一視していただいてかまわない。ゲーデルの定理の「もやもや」の原因が、$Шx P(x, i, n)$ の天下り感、あるいはブラックボックス感にあるのではないかと、前に書いた。なんで、そんな命題を思いついたのか、そして、どうやって、記号論理学の言葉で $Шx P(x, i, n)$ を構築するのか。かなり「言い訳」をしてみたが、大部分の読者の「もやもや」がなくなったわけではあるまい。

だが、チューリング機械が計算を終えて停止することを意味する $Шx T(i, a, x)$ ならば、天下りというよりはボトムアップだろうし、唐突というよりは自然だろうし、ブラックボックスもグレーボックスくらい中身が透けて見える気がする。

「〜は証明できる」という命題を記号論理学の記号であらわす煩雑さと比べて、「i番目のチューリング機械」というのは、現代っ子なら「i番目のプログラムっていうだけだろ？」と、すんなり受け入れられそうである。

もちろん、i番目といっても、チューリング機械の「プログラム」（たとえば157ページ）を数値化する。実際、

LCR,:0123456789

という15個の記号だけでチューリング機械は記述される。それを横一列にうまく並べたのがプログラムなのだから、ゲーデル数と同じ考えでチューリング機械は数値化できることが容易に理解できるだろう（ゲーデル数を持ち出すまでもなく、現行のコンピュータにおけるコード表を思い浮かべていただければよい）。

　とにかく、ゲーデルの証明のときと同じで、チューリング機械の場合の「i番目」も、かなり飛び飛びの数になるわけだ。

　山$xT(i,a,x)$でもう一つ着目すべきなのが「時刻xが存在する」という部分。チューリング機械の働きをまとめた155ページの表をもう一度確認してみてください。刻々と変化するチューリング機械の状態が出ていましたよね？　「山x」は、計算が終了する瞬間xが存在して、機械が無事に停止する、ということ。これもすんなりと理解できるのではなかろうか。

　クリーネの教科書では、このチューリング機械の停止問題から始めて、たった数ページでゲーデルの不完全性定理を証明している。もちろん、チューリング機械とペアノ算術の関係などを論ずる必要があり、ゲーデルの証明のときと同様、～山$xT(a, a, x)$という否定形を考察することになるのだが——。

本節の目的は、ゲーデルの証明のあらすじのところで読者が抱いた「もやもや」を解消してもらうことであり、おそらく、$\exists xP(x, i, n)$という抽象的な言明が、$\exists xT(i, a, x)$というチューリング機械のふるまいにおきかえられた時点で、その目的は達成できたと思う。ここから先は、教科書の領域だと思うので、まだ納得感のない読者は、クリーネの教科書の43節と44節を読んでみてください。

■チューリングの死

1952年3月31日、チューリングはマンチェスター在住のある男性と関係をもった廉《かど》で警察に逮捕された。この章の冒頭で述べたように、当時のイギリスではホモセクシュアルは罪だったのだ。チューリングは自分の性的な傾向を隠すこともなく、悪いことだとも思っていなかった。だから、罪を認めもせず、弁解もしなかった。刑務所に入る代わりにチューリングに提示されたのは、当時、性欲を鎮めると思われていた女性ホルモンのエストロゲンを1年間、強制的に注射される、という措置だった。

この時期のチューリングにとって、別のことがらが心に重い負担を強いていたようだ。彼の周囲の人間はみな知っていたが、チューリングは、戦争中の暗号解読の仕事を続けていたのだ。だが、冷戦のまっただ中という状況において、イギリス政府は機密の漏洩に対して異常に神経質になっていた。そして、ホモセクシュアルであることが、機密漏洩の恐れありとみなされてしまう。

チューリングは１９５３年にギリシャで休暇を過ごしたが、彼を取り巻く環境はさほど改善しなかったようだ。

１９５４年6月8日、掃除に来た女性が、ベッドに横たわるチューリングの遺体を発見した。死後1日が経っていた。ベッドから手の届くところに、半分だけ齧《かじ》られたりんごが置いてあった。死因は青酸化合物による中毒死。検屍解剖の結果、自殺と断定された（彼の母親は、息子が自殺したとは信じられず、趣味の化学実験の際に指に付着した青酸化合物を、りんごを食べたときに体内に取り込んでしまった事故だと主張した）。

いったい何が、まだ41歳だった若き天才数学者を死に駆り立てたのか、誰にもわからない。しかし、ホモセクシュアルによる逮捕と強制的な「治療」、そして、同じくホモセクシュアルを理由に政府の暗号解読の仕事を辞めさせられたことが、彼の精神状態に大きなマイナスの影響を与えたであろうことは想像に難くない。

かくして、アラン・チューリングの知的な疾走の人生は永遠に停止したのである。

◆第3章まとめ

・チューリングは現代のコンピュータの原理であるチューリング機械を考えた。
・チューリングは暗号解読の専門家でもあった。
・チューリングは計算について深く考察し、「任意のプログラムが停止するかどうかはわからない」ことを証明した。
・チューリングの停止問題はゲーデルの不完全性定理のコンピュータ版とみなすことができる。
・チューリングはプログラムの「人間らしさ」の基準となるチューリング試験を考案した。
・チューリングはホモセクシュアルの廉で逮捕され、青酸化合物で自殺した。

第４章　Ω数、様相論理、エトセトラ

◇微小説「ループ」

肉体を失った私は今、まばゆい真っ白な空間を漂っている。徐々に意識がはっきりしてくると、目の前に神様がいた。それは私が生前、思い描いていたのと寸分違《たが》わない姿をしていた。これが神の審判という奴か。

＊＊＊

ようするに、この世界っていうか宇宙そのものが巨大な計算機にすぎないってことなんだな。宇宙が機械仕掛けになってるって話は、今に始まったことじゃない。
アイザック・ニュートンが力学の方程式をまとめあげて、それで天体の運動も地上の運動も、高い精度で説明できるようになっちまった。それ以来、宇宙は計算できる、という信念が高まっていった。でも、20世紀に入ってから、アルバート・アインシュタインが登場した。彼は、ニュートンの方程式が近似にすぎず、物体の速度が光速に近づくと修正が必要なことに気づいた。それから、マックス・プランク、ニールス・ボーア、ヴェルナー・ハイゼンベルク、エルヴィン・シュレディンガーといった面々が、物体がものすごく小さいときや、温度が極端に低いとき、ニュートンの方程式に修正が必要なことに気づいた。
そうやって地球の科学者たちは、理論と実験の食い違いを縮めていった。計算精度は飛躍的に向上した。

——なるほど、わかりました、神様。でも、科学者たちが宇宙に数式をあてはめて計算していることと、宇宙そのものが計算機ということは別なのでは？

それはどうかな。もともと宇宙は計算機であり、わしが書いたプログラムに則《のっと》って計算シミュレーションを続けている、としたら？　科学者たちは、理論の構築と実験による確認をくりかえしながら、わしのプログラムの数式を推測し、徐々に「真の数式」に肉迫しているだけなのだとしたら？

——では、いったい計算機の本体はどこにあるのです？　宇宙の外に巨大なサーバー群が存在するのでしょうか。

ふふふ、そなたの小さな脳の容量では、なかなか想像が追いつかないのであろう。よいか、人類のコンピュータの中では、電子が走り回っておる。いわゆるエレクトロニクスという奴だ。だが、光を用いて計算するフォトニクスも可能だし、他の素粒子を使う計算だって原理的には可能であろう。

つまり、宇宙をつくっている素粒子一個一個が、計算素子なのだとしたら？　そうであれば、計算機の本体とは、すなわち、宇宙そのものにほかならない。そう結論づけることはできまいか。

——なんとなくわかりました。でも、あなたの存在……神様の立ち位置はどうなるのです。あなたは「宇宙そのもの＝計算機の本体」の外にいて、プログラムを書いたり、修正したり、実行したり、停止させたりしているのではないのですか?

いい質問だ。まず、宇宙はひとつではないことを指摘しておこう。宇宙という名の計算機は無数に存在する。さまざまな時空の宇宙があり、さまざまな力と素粒子を含む宇宙がある。「生き物」のいない宇宙や、計算開始とともに終了するブラックホール型の宇宙もある。人類が思い描くことのできる宇宙はすべて存在し、また、想像をはるかに超えた宇宙も存在する。

その上で、そなたたちが「神様」と呼んでいる存在が、宇宙計算機とどう関係するのかを考えてみたまえ。もっとも、今すぐに結論が出るわけではないだろう。それこそ、そなたの次の人生で考察してみたらどうかね?

――ここはおそらく、宗教的な意味での「煉獄」ですよね。だから、神様であるあなたは私に質問をし、その答えいかんにより、私は天国に召されるか、地獄に落とされるかが決まる。ちがいますか?

そうだね……ある意味、そなたの「計算」は正しい。だが、必ずしも意味論は必要ないのだ。わしは単なる計算をしているのだからね。構文論だけで話は済む。この煉獄で君に与えられる未来に、天国と地獄というような、善悪の解釈は必要ない。

わしは、サイコロを振って、そなたという名の計算を停止させるか、それとも、どこかの宇宙で再び計算を開始させるかを選ぶことになる。心の準備はいいかね？

＊＊＊

世界が真っ白になり、私はどこかの宇宙の計算にふたたび組み込まれてゆくのを感じていた。パラメータはすべてリセットされてしまうから、前の宇宙での計算データを引き継ぐことはない。

ああ、そういえば本棚に『ゲーデルの哲学　不完全性定理と神の存在論』（高橋昌一郎、講談社現代新書）という未読の本があったっけ。次の宇宙に行ったらもう読めないなあ。

私という名のちっぽけな計算のくりかえしは、ループもしくは輪廻転生と呼ばれている……。

■グレゴリー・チャイティンとΩ数

この章は、ある意味、附録みたいなものだ。われわれは第2章でゲーデルの定理のあらすじを、第3章でチューリングの定理のあらすじを見てきた。この章では、言い残したことや、別の観点からの証明の話や、ゲーデル、チューリング後の現代的な展開、さらには物理学や宇宙論とのかねあいについて想像の翼を羽ばたかせてみたい。

もちろん、気楽に読み進めていただければ結構だが、証明可能性論理の部分は、本書で初めて、ゲーデルの第2不完全性定理の証明のあらすじを追うことになるので、鉛筆片手に、少々じっくり読んでみてほしい。

さて、まずは第2章のゲーデルの証明のところで出てきたチャイティンの話である。彼は基本的にコンピュータ科学者であり、「論理学」よりも「プログラム」が彼の土俵だ。

チャイティンは、ゲーデルの定理に対するもやもやとした気持ちを「何とかしようと思い立った」(『メタマス!』(前掲書 39ページ))。その結果生まれたのが「チャイティンのΩ数《オメガ》」だ。

Ωはギリシャ語の最後の文字であり、「究極の」というチャイティンの思いが込められているように感じる。

Ω数 ランダムにコンピュータ・プログラムを選んだとき、そのプログラムが停止する確率チューリングは、任意のプログラムが停止するかどうかを決めることはできない、ということを証明した。それをさらに一歩進めて、チャイティンは、任意のプログラムが停止する確率を計算してみせたのである。

Ω数の計算方法を体感するために、チャイティンは「おもちゃのコンピュータ」の説明から始める。このコンピュータには、あらかじめ停止することがわかっているプログラムが3つだけあるとしよう。

停止プログラム1　110
停止プログラム2　11100
停止プログラム3　11110

なんだコレは。単なる1と0の羅列ではないか！　だが、そもそもコンピュータ・プログラムは2進法の1と0の羅列にすぎない。だから、この3つは立派なおもちゃのプログラムである。2進法の1桁のこと、すなわち「0か1か」という情報の単位を「ビット」と呼ぶ。今の場合、3ビットのプログラムが1つと5ビットのプログラムが2つあるわけだ。

さて、このおもちゃのコンピュータが停止する確率、すなわちΩはどうやって計算できるだろうか?

まず、停止プログラム1によって停止する確率である。任意のプログラムを選んだとき、そのプログラムの最初の3桁が「110」になるのは、

$$\frac{1}{2}\times\frac{1}{2}\times\frac{1}{2}=\left(\frac{1}{2}\right)^3=0.125$$

と計算できる。なぜなら、最初の桁が1である確率は$\frac{1}{2}$で、2桁目が1である確率は$\frac{1}{2}$で、3桁目が0である確率も$\frac{1}{2}$で、この3つを掛け合わせればいいのだから。

ちなみに、選んだプログラムが長くても、最初が「110」で始まるプログラムならば、この3桁を実行した時点で停止してしまうので、残りの桁については考えなくてよい。

停止プログラム2と停止プログラム3で停止する確率は、それぞれ同様にして$\left(\frac{1}{2}\right)^5$となる。

というわけで、このおもちゃのコンピュータに任意のプログラムを実行させた場合、停止する確率は、

$$\left(\frac{1}{2}\right)^3+\left(\frac{1}{2}\right)^5+\left(\frac{1}{2}\right)^5=0.125+0.03125+0.03125=0.1875$$

となる。これは10進法だが、２進法で計算するなら、

$$0.001 + 0.00001 + 0.00001 = 0.00110$$

となる。

おもちゃのコンピュータの停止確率　$\Omega = 0.00110$

これのどこが面白いのかというと、「Ωをnビット計算するためにはnビットのプログラムが必要」な点だ。今の場合、Ωを5桁計算できたわけだが、それは、停止する5ビットまでのプログラムがわかっていたからである。

万能チューリング機械のような理想的なコンピュータの場合、プログラムのビット数に上限はない。いくらでも長いプログラムが存在する。１ビットの停止するプログラム、２ビットの停止するプログラム、……という具合に、逐次、停止するプログラムを見つけ出し、停止確率Ωの計算精度をどんどん上げてゆくことは可能だが、われわれは永遠にΩの真の値に到達することはな

い。

チャイティンは「Ωは完全にランダムな数だ」と主張する。その意味はこうである。

ここに次のような規則的な数字が並んでいるとしよう。

01010101010101……

この数字は「01をくりかえし印字せよ」というプログラムに置き換えることができる。そのプログラムの長さ（＝ビット数、情報）は、元の無限に続く数字よりも圧倒的に短い。ようするに、規則的な数字であるがゆえに、情報を圧縮することが可能なのだ。

ところが、ランダムな数の羅列の場合は、こうはいかない。ランダムな数を印字するためには、その数そのものを印字せざるをえず、より短いプログラムによって情報を圧縮することができない。

で、「Ωをnビット計算するためにはnビットのプログラムが必要」なのだから、それはつまり、Ω数の情報が圧縮不可能であることを意味する。いいかえると、Ωは完全にランダムな数字なのである。

コラム

チャイティンの「哲学」

チャイティンは過激な思想の持ち主として有名だ。といっても、政治信条云々ではなく、数学の本質は何か、という信条のことである。

チャイティン　©Alan Haywood

たとえば物理学では、まず、膨大な実験データを圧縮して、簡潔な科学法則にまとめ、今度は、その科学法則からさらなる実験結果を導く（予想する）。チャイティンによれば、数学でも、計算実験の結果を公理にまとめ、今度は、その公理からさらなる定理を導くから、数学と物理学は似ているのだという。

ええ？　計算実験ってなんだ？　ちょっと驚く表現だが、チャイティンは、たとえばゴールドバッハ予想（2より大きな偶数は2つの素数の和であらわすことができる）のようなものは、たくさんの計算例から出てきたことを指摘する。

チャイティンは、ハンガリー生まれでイギリスで活躍した科学哲学者イムレ・ラカトシュが提唱した「準経験的」(quasi-empirical) という言葉を使い、「数学は準経験的なものだ」と主張する。

一般には、数学は、物理学や生物学のような経験科学とは性質がちがうとされる。だが、情報の圧縮という観点から、チャイティンは、数学は、経験的とまではいかないが、準経験的な営みだと考えているのだ。

数学界において、しかし、チャイティンの哲学は、少々異端であることをつけくわえておきます。

■いろいろな不完全性

前にチャイティンがゲーデルの定理を好きになれなかった、という話を書いたが、不完全性のいくつかのバージョンのうち、ゲーデル、チューリング、チャイティンによるもののちがいはどこにあるのか。

これについてはチャイティンがこんなふうに書いている。

「ゲーデルの場合は、それは、公理系の内部構造、原始帰納定義スキーマ、および、彼のゲーデル数の番号付けが複雑なのでした。チューリングの場合は、彼の1936年の論文で説明された、万能チューリングマシンのインタープリタープログラムが複雑でした。私の場合には、(チューリングの複雑な万能マシンに相当する）LISPインタープリターが複雑です。これは、みなさんには見えません。見えるのは、LISP言語の定義、プログラマー用マニュアルのサイズです。私の場合、複雑さは氷山のようなもので、大半は水面下にあります！」（『知の限界』G・チャイティン著、黒川利明訳、エスアイビー・アクセス、124ページ）

つまり、それぞれの不完全性の複雑さ、いいかえるとわかりにくさは、それぞれのブラックボックスにある。その内部を見ないなら、わかりやすいのだが、ブラックボックスの内部構造を調べ始めると、専門家以外には手が届きにくくなってしまう。

そして、ゲーデルのわかりにくさは、やはり、ブラックボックス内部がペアノの公理と記号論理学という、現代人に馴染みの薄い言葉で書かれているからなのだろう。パソコンが好きな人は、チューリングのブラックボックスの内部のほうがわかりやすいだろうし、LISP言語でプログラムを書いたことのある人なら、チャイティンのブラックボックスの内部が透けて見えるにちがいない。

本書では、さすがにLISP言語の準備から始めるわけにもいかないので、チャイティン版の不完全性については、ほとんど触れられなかったが、3つの不完全性を比較検討してみたい読者は、是非、『知の限界』のLISPによる証明を追ってみることをオススメする。

私は『知の限界』の英語版（『The Unknowable』）が出版されたときに買って、LISPによる3つ目の不完全性定理の証明を追ってみたが、正直、「ナニコレ？　これのどこが証明なの？」という感想を抱いてしまった。水面下の部分が大きすぎて、海上に出ている証明が、あまりにも簡潔で意表を突かれたからである。

■様相論理から証明可能性へ

チャイティンから話題を転じて、この節では、様相論理と不完全性定理の関係を見ることにする。

様相論理学（modal logic）は「必然」と「可能」を扱う論理学だ。通常、必然は□、可能は◇をもちいてあらわされる。□pは「pは必然だ」という意味だし、◇qは「qは可能だ」という意味になる。

そもそも、なぜ、必然とか可能などということを考えるのだろう？　たとえば、pが「今、NYで雨が降っている」だとして、pと□pと◇pのあいだに差はあるのだろうか？

あまりにおおざっぱな説明で恐縮だが、次のように理解するのがひとつの方法だ。

最近の物理学、特に量子重力理論では多宇宙とか並行宇宙という考えが流行《はや》っている。実際に、理論から「われわれとは別の宇宙」が予測できてしまうのだが、もちろん、まだ誰も別の宇宙の存在を確かめた人はいない。

しかし、論理学の世界では、量子重力理論の多宇宙の考えが出てくるずっと以前から「宇宙」について考えを巡らせてきた。論理学者に「この宇宙って、物理学の宇宙と同じですか？」と質問すると、「ちがう」という答えが返ってくるが、もちろん、それは物理学の理論とのつながりが論じられていない、という意味にすぎず、まったく関係ないわけがない。まったく無関係だったら、そもそも「宇宙」という言葉を使うことすら不適切であろう。だから、論理学者が考える宇宙は、うっすらと物理的な宇宙を念頭に置いているものの、量子重力理論のようなダイナミックな方程式をもたない、静的な概念なのだろう。

まあ、量子重力理論の多宇宙も、今のところ実験や観測にかからない、という意味では数学にすぎない。その意味では、論理学の宇宙とさほど変わらないのかもしれない。

で、様相論理では、文字通り、たくさんの並行宇宙を考える。そのたくさんの並行宇宙には、当然のことながら、たくさんのNYがある。そのたくさんのNYのうちのどこか一ヵ所でも雨が降っていれば、（それがわれわれの宇宙である可能性があるので、）$\Diamond p$、すなわち「今、NYで雨が降っている可能性がある」といえるであろう。また、たくさんのNYのすべてで雨が降っているなら、（われわれの宇宙も絶対に雨に決まっているので）$\Box p$、すなわち「今、NYで雨が降っていることは必然だ」といえるであろう。

面白いことに、可能とか必然を論ずる場合、並行宇宙を考えると、このようにすんなりと理解できるのである。

さて、この様相論理であるが、1970年代以降、証明可能性論理という分野として発展を遂げてきた。どういうことかというと、□を必然性ではなく「証明可能である」と解釈するのだ。同時に、◇を可能性ではなく「整合的である」と解釈する。それが証明可能性論理である。

ええと、途中の経緯をすっ飛ばして、本書との関連だけを言うと、この証明可能性論理のおかげで、ゲーデルの第2不完全性定理の証明がすっきりするのである。

■証明可能性論理と不完全性定理

ここでは、証明可能性論理の第一人者であったジョージ・ブーロスの「ゲーデルの第2不完全性定理を一音節の言葉で説明する」(“Gödel's Second Incompleteness Theorem Explained in Words of One Syllable” Mind 103 (1994) 1-3) から、そのすっきりした証明を引用させてもらおう。

以下、ブーロスにしたがって、「⊢……」を「……はこの理論系で証明可能だ」の略記だとする。同様に、この記号を斜線で消した「⊬……」は「……はこの理論系で証明可能でない」の略記である。また、「⊢⊥」は「矛盾が証明できてしまう」、端的にいえば「矛盾する」ことを意味する。

さて、まず、証明の前提となる公理が3つある。いま考えている理論のすべての文p、qについて、

（i）もしも $\vdash p$ ならば $\vdash \Box p$

（ii）$\vdash(\Box(p\to q)\to(\Box p\to\Box q))$

（iii）$\vdash(\Box p\to\Box\Box p)$

がなりたつとする。「ちょっとした算術が証明できるような、まともな形式理論」なら、この3つの条件を満たしている。たとえば（i）は、もしもpが証明可能ならば、「pが証明できること」が証明できる、ということである。当然、ゲーデルが念頭に置いていた、ペアノ算術を含む『プリンキピア・マテマティカ』もこの3条件を満たしている。

次に、

$$\sim p\to(p\to\bot)$$

という一般的な恒真式も証明に使うことになる。

さらに、4つ目の前提条件として、

(iv) もしも $\vdash(p\to q)$ ならば $\vdash(\Box p\to\Box q)$

が必要になる。

註：もしも $\vdash(p\to q)$ ならば、(i) の p に $(p\to q)$ を代入して、$\vdash\Box(p\to q)$ である。ここで (ii) からモーダス・ポネンスによって $\vdash(\Box p\to\Box q)$、となって (iv) は証明される。

ふう、ようやく、証明可能性論理によるゲーデルの第2不完全性定理の証明を追うことができる。

まず、ゲーデルの対角線の方法にしたがって、「この命題は証明できません」という命題 p をみつけるところから始める。すなわち、次ページの図のようになる。

ぜいぜいぜい、一気にいってしまいましたな。ここでは、あくまで「観賞用」に証明を羅列した。完全に理由を追いたい読者は、自ら考えた上で、ブーロスの論文にあたってください。やれやれ、ブーロスはいつもこんな調子だ。私のようなトロい人間はすぐに置いていかれてしまう。

ええと、まだ続きます。

1. $\vdash p \longleftrightarrow \sim\Box p$
2. $\vdash p \longrightarrow \sim\Box p$
3. $\vdash \Box p \longrightarrow \Box\sim\Box p$
4. $\vdash \Box p \longrightarrow \Box\Box p$
5. $\vdash \sim\Box p \longrightarrow (\Box p \longrightarrow \bot)$
6. $\vdash \Box\sim\Box p \longrightarrow \Box(\Box p \longrightarrow \bot)$
7. $\vdash \Box(\Box p \longrightarrow \bot) \longrightarrow (\Box\Box p \longrightarrow \Box\bot)$
8. $\vdash \Box p \longrightarrow \Box\bot$
9. $\vdash \sim\Box\bot \longrightarrow p$
10. $\vdash \Box\sim\Box\bot \longrightarrow \Box p$
11. $\vdash \neg\Box\bot \longrightarrow \sim\Box\sim\Box\bot$

ブーロスによる第2不完全性定理の証明

『LOGIC, LOGIC, AND, LOGIC』413ページより

もしも $\vdash\sim\Box\bot$ ならば、11から $\vdash\sim\Box\sim\Box\bot$ であり、もしも $\vdash\sim\Box\bot$ ならば、（i）から $\vdash\Box\sim\Box\bot$ となって矛盾してしまう。つまり、もしも $\vdash\sim\Box\bot$ ならば $\vdash\bot$（＝矛盾）。AならばBのとき、対偶をとってBでないならばAでないと言い換えられるから、最終的に、$\nvdash\bot$ ならば $\nvdash\sim\Box\bot$ となる。

うん？　ナニコレ？　ええと、ようするに、システムから矛盾が出てこない（$\nvdash\bot$）ならば、矛盾が証明できないこと（$\sim\Box\bot$）も出てこない（$\nvdash\sim\Box\bot$）というのである！

そして、これはまさにゲーデルの第2不完全性定理の主張にほかならない――。

いやはや、不完全性定理の証明にもいろいろあるんですなぁ。以上、鑑賞程度に味わっていただければと思います。

■物理学は影響を受けるのか

大学と大学院で論理学と物理学を学んだ私が、長年悩んできた、素朴な疑問がある。それは「不完全性や停止問題は物理学の理論にどんな影響を与えるのか？」という疑問だ。

（古い）論理学の教科書でゲーデルの証明を読むと、「算術を含むあらゆる体系は不完全なのだ」というようなことが書いてあったりする。学生時代、私は、論理学や物理学の先生に「物理学はどうなるのですか？」と質問をぶつけてみたが、あいまいな答えしか返ってこなかった。おそらく、論理学の先生は物理学になど端《はな》から興味がなく、物理学の先生の多くはゲーデルの証明を追った経験すらなかったのだろう。

学生時代に読んだ教科書では、唯一、クワインの本に参考になりそうなことが書いてあった。

「プレスブルガーとスコーレムは、初等数論を制限して加法と乗法のいずれか一つを落とした場合には、決定手続きを持つ理論となることをしめした。もっと驚くべきことに、タルスキーは実数の初等代数がこの場合と同様に決定手続きを持つことをしめした」（『論理学の方法』前掲書

199ページ）

いろいろなシステムについて不完全性は調べられている。たとえばユークリッド幾何学は（ペアノ算術を含まず）完全だ。タルスキーが示した結果は意外だ。実数の初等代数のほうが算術より複雑そうにみえるが、その複雑なほうが完全なのだから。不完全性定理の本でも、「複雑なシステムは不完全だ」と書いてあったりするが、あくまでも言葉の文《あや》と考えるべきである。別に理論が単純だから完全で、複雑だから不完全というわけでもないのだ。

さて、あるとき、副業で英語の物理学の本の翻訳監修をしていて、ひとつの答えに突き当たった。それは超ひも理論の専門家でケーブルテレビの科学番組でもお馴染みのブライアン・グリーンが書いた『隠れていた宇宙』（B・グリーン著、大田直子訳、早川書房）という本だった。

グリーンはまず、マサチューセッツ工科大学のマックス・テグマークが提唱する「数学宇宙仮説」を紹介することから始める。

「もっとも深い宇宙の記述は、人間の経験や解釈で意味が変わるような概念を必要とするべきではない。実在《リアリティ》は私たちの存在を超越しているので、根本的に私たちがつくり出す考えに左右されてはならない」（下巻236ページ）

ある意味、健全な考え方である。人間の脳が紡ぎ出す理論によって、この宇宙のありかたが変わってしまうのは問題だ。まず、宇宙という実在があり、その中に人間も人間の脳も宇宙論も含まれているはずなのだ。

で、テグマークは、人間の影響を受けず、実在の根底にあるのは、「数学」にほかならないと主張する。この宇宙は数学により記述される。宇宙のあらゆる物理法則は数学なのだ（アインシュタイン方程式もシュレディンガー方程式もみーんな数式である）。

もしこの考えが正しいなら、この宇宙は単なる数学シミュレーションだ、という結論にならざるをえない。そして、数学シミュレーションであるならば、それが描き出す宇宙の姿はひとつとはかぎらない。数学シミュレーションはパラメーターや初期値や方程式を変えるだけで、別の宇宙を創り出すだろう。つまり、もし宇宙が数学シミュレーションにすぎないのであれば、宇宙は、われわれの宇宙だけであるはずがない。この宇宙よりもずっと大きな宇宙、ミニミニサイズの宇宙、重力が強くて自重で潰れてしまう宇宙、軽すぎて膨張しまくってスカスカの宇宙、あなたと私が入れ替わっている宇宙、いまだに恐竜が支配している地球のある宇宙、エトセトラ。

健全に思われた発想が、いつのまにやら、SF的な結論を導き出すのも興味深いが、ポイントは、数学の「計算」が宇宙を紡ぎ出している、という点である。

数学の発見は本当に発見なのか、という古くからの問いが存在する。発見ではなく発明ではないのか、というのである。また、物理法則の発見にしても、なぜ、「ちょっと違った形の方程式」ではいけないのか。なぜ、ニュートンの逆2乗則の重力方程式は、あの形でなければいけないのか。

余談になるが、ニュートンの重力方程式が逆2乗からズレたらどうなるかは、充分に考察されている。私は大学三年生のときに堀源一郎先生の天体力学の授業を取ったが、そこでは、逆2乗でない宇宙において、天体の軌道が渦巻きになったり、美しい花弁の形になったりするパターンが紹介された。授業を聞きながら、ふと、「ロゼッタ軌道の天体が実現されている宇宙がどこかにあるのかなぁ」などと夢想に耽った憶えがあるが、今にして思えば、あれこそが、現代宇宙論で流行りの「多宇宙仮説」の入り口だったのだ。

話を元に戻して、とにかく、宇宙が数学シミュレーションだとしてみよう。すると、宇宙ができあがっているからには、計算がきちんと遂行されているはずだ。すなわち、

「支障なく機能する〈シミュレーション多宇宙〉を構成する宇宙は、計算可能関数にもとづいたものになろう」（下巻240ページ）

ということになる。グリーンは、微分積分などを使う計算の場合、現行のコンピュータ・シミュ

レーションでは近似計算しかできないことを指摘している。それ自体、興味深い問題だが、本書では触れない。

「物理学者たちは長年、ゲーデルの洞察が自分たちの仕事にどういう意味をもちうるのか、あれこれ考えてきた。永遠に数学的記述を逃れる自然界の特性があるという意味で、物理学も必然的に不完全なのだろうか？　私たちの縮小版〈究極の多宇宙〉の文脈においては、その答えは「ノー」である。計算可能な数学関数はその名のとおり、計算の守備範囲内にきっちり入っている。計算可能関数は、コンピューターがうまくその値を求められる手順を認める関数だ。したがって、多宇宙のなかの宇宙がすべて計算可能関数にもとづいているなら、すべてゲーデルの定理をうまくかわすだろう」（下巻２４４ページ）

おっと、ここにきて、いきなり肩すかしをくらってしまった。ここでグリーンが問題にしている「縮小版〈究極の多宇宙〉」とは、「ありうる宇宙」、すなわち最大限に包括的で究極の多宇宙の一部にすぎない。この縮小版は、そもそも、計算可能関数によって紡ぎ出されているからだ。

これは、ゲーデルの定理が物理学にどう影響するのか、という疑問に対して、一種の循環論法による答えを返しているように思われる。なぜなら、計算可能関数から出てくる宇宙の場合、そもそもの定義からして、無限ループに陥ったりせず、ゲーデルやチューリングの洞察の網に引っかからないのだから。

あまりにあっけない幕切れ……という気もするが、とりあえず、物理学者たちは、ゲーデルやチューリングの証明を必修授業で受ける必要はなさそうである。

とにもかくにも、こんな答えが書いてあるところをみると、少なくともグリーンは、ゲーデルの定理の物理学への影響について、一度は悩んだことがあるのだろう。

ただし、前でご紹介したチャイティンの例を見てもわかるように、「もやもや」があったら、私みたいに他人の意見を鵜呑みにしてはいけません。もし、若い科学者の卵が（まちがって）本書を読んでいたら、この問題は、自分でもう一度じっくり考え、納得できなかったら、追究したほうがいいかもしれない。

コラム あくまで私見ですが

グリーンの考察に飽き足らなかった私は、この問題について、引き続きつらつらと夢想してみた。

ゲーデルの不完全性と物理学の関係は、やはり、チューリングの土俵で考えるほうがわかりやすい。すると、問題は、「宇宙が計算シミュレーションであるとして、その計算は終わるのか?」ということになる。

だが、仮に無限ループに陥っても問題はないかもしれない。たしかに計算のプロセスは延々とくりかえされるだろうが、刻々と変化する「途中の数字」をプリントすればいいではないか。計算が完全に終わってから初めてプリントする、というのが変なのだ。計算の経過を見守るために、一般帰納的な計算プログラムのくりかえしの中に一言、「Print x」というような命令文を入れておけばいい。もしかしたら、刻々と変化する変数xの値こそが、この宇宙の「進化」そのものかもしれないではないか!

この観点からは、計算が停止するプログラムに相当する宇宙は、ようするに宇宙の終焉を迎えたことになるわけで、逆に、無限ループに陥ったプログラムに相当する宇宙は、永遠に終わらない宇宙、ということになる。宇宙としては、どちらの可能性もアリだから困る。

また、こうやって考えてみると、別の論点も浮上する。

そもそもゲーデルやチューリングが発見したことは、「システム内で~」という点が重要なのだ。個々の宇宙のシミュレーションが個々のプログラム、いいかえるとチューリング機械に相当するなら、全ての宇宙のシミュレーションは万能チューリング機械に相当するのだろう。しかし、ここでいう「全ての宇宙」とは、もちろんそれ自体がシステムなのである。だから、たしかにシステムとしては不完全で停止しないかもしれないが、システムの外に出てしまえば、必ずしもゲーデルやチューリングが発見した制約にはわずらわされずに済むはずだ。

実際、本書でご紹介したグッドスタイン列にしても、「ペアノ算術を含むシステム」では証明できないが、そのシステムの外に出てしまえば証明はできる。だから、全ての多宇宙がさらに階層構造(?)になっていて、現行のシステムから外に出られるのであれば、ゲーデルやチューリングの定理は、物理学にはさしたる影響は与えないだろう。

むしろ問題は、〈究極の多宇宙〉が、究極であるがゆえに自己完結していないといけない、つまり、そのシステムの外には出られない、という場合である。だが、この問題は、「あらゆる集合の集合」を考えてはいけない、と警告したラッセルのパラドックスの原点にわれわれを引き戻すような気がする。「あらゆる宇宙」は考えてもかまわないが、「あらゆる宇宙の宇宙」は、もしかしたら意味のない概念なのかもしれない。

いやはや、アタマが痛くなりますなぁ。

■不完全性と不確定性の関係?

あらかじめお断りしておくと、不完全性と不確定性の間に数学的な関係は存在しない（現時点では）。不確定性原理は、たとえば位置 x と運動量 p の間に「同時観測の限界」が存在することを意味する。この宇宙というシステムの中では観測できないことがあるわけだ。

それでも個人的な妄想の範囲内で、少しだけ考えてみたい。

物理学……というか、この宇宙の中で起きているあらゆる物理現象が（チューリングの意味での）計算だとしたら、観測行為も一種の計算なのだから、計算不能ということと、観測不能ということの間になんらかのつながりが出てきても不思議ではない（だから、妄想ですってば）。

なんで、こんな妄想を抱いているのかといえば、超ひもとブラックホールが似ていると、1980年代に盛んに言われていて、その後、数学的に超ひもがブラックホールであることが証明された経緯を思い出したからだ。

世の中には、いろいろ「似ている」ことがある。エネルギーと質量は似ていた。そして、アインシュタインが $E=mc^2$ という式でこの2つを結びつけた。アインシュタインは同じようにして加速度と重力を結びつけた。この「等価原理」から一般相対性理論が生まれた。

時間とエントロピーも似ている。時間は止めることができない。時間は増大し続ける。それと似て、宇宙の乱雑さ、すなわちエントロピーも増大し続ける。であるならば、時間とはエントロピーのことなのであろうか？　残念ながら、この線での考察は、イリヤ・プリゴジンや渡辺慧などの著作にアイディアの萌芽が見られるものの、完全に結びつくところまでは行かないようだ。

システムが必然的に抱える限界、という意味では、似ているにちがいないが、不完全性と不確定性も、時間とエントロピーみたいに関係づけられずに終わるのだろうか。

ちなみに、不確定性原理について私は、何度も何度も教科書で読んだし、その数学的な意味についても理解していたつもりだったが、2003年に大きな衝撃が待っていた。ハイゼンベルクによる、オリジナルの不確定性原理の論文から76年たって、日本の小澤正直が、新しい形の不確定性原理を発見したからである。多くの物理学者にとっても青天の霹靂だったはずだが、人間の思い込みというのは恐ろしいものだ。問題が完結したと信じていると、そこにさらなる発展の可能性があることを見過ごしてしまう。

物理学科に進学すると必ず、「交換関係から不確定性を導く」という演習問題をやらされる。数学的には、交換関係から、

$$\Delta p \times \Delta x > h$$

という不確定性関係が導かれるのだ。ここでΔpはpからpの平均値を引いたもので、いわゆる「ゆらぎ」に相当する。また、hは、不確定の度合いを意味する定数で「プランク定数」と呼ばれる（お察しのように、交換関係の右辺にもhが登場する）。

さて、驚愕の事実は、なんとこの不確定性関係、ハイゼンベルクではなく、ケナードという別

の物理学者が導いたものだったこと。

ハイゼンベルクの不確定性は、「ゆらぎ」ではなく「測定誤差」に関するもので、まったく同じ形をしているが、その意味は異なる。物理量のゆらぎ、イコール、測定誤差と考えてしまいがちだが、厳密には、この2つは区別しなくてはいけない。ケナードの不確定性は、ゆらぎ、すなわち、物理量の数学的な性質に関するものであり、ハイゼンベルクの不確定性は、実験誤差に関するもの。いいかえると、ケナードのほうは理論、ハイゼンベルクのほうは実験とかかわるといっていい。

小澤の不等式は、この2つの概念を取り込んだもので、特殊な場合にはハイゼンベルクの不確定性に帰着する。

うん？　この状況、なにかに似ていませんか？

そう、正しいことと証明できることが、実は別の概念であることを証明したゲーデルの不完全性定理と状況が似ているのだ。物理学者の多くは、ゆらぎと測定誤差が同じだと思っていた。そこに小澤正直さんが登場し、両者を区別して、新たな式を提出した。ゆらぎと測定誤差は同じではない！

いやあ、まいりましたな。やはり、いろんな意味で不完全性と不確定性は似ている。

小澤の不等式については『ハイゼンベルクの顕微鏡　不確定性原理は超えられるか』（石井茂

著、日経BP社）をオススメします。

■視点の問題

冒頭で「3ワカラン」と書いたが、ここにきて、ようやく、わからなさの原因を解明することができる。

相対性理論と量子力学（不確定性原理）と不完全性定理に共通するわからなさは、「視点を意識しないといけない」ことなのだと思う。

相対性理論では、「誰が何を観測しているのか」、いいかえると観察者の視点が重要になる。その視点が観測対象に対して動いているのか、それとも止まっているのか。それによって観測数値は変わってきてしまう。

同様なことは量子力学についてもいえる。観測装置の向きによって、観測される数値が変わってしまうのだ。観測される素粒子は「回転」しているが、その回転軸がどちらを向いているのかだって、観測装置に依存する。

そして、ゲーデルの不完全性定理も、メタな視点から数学を考察する以上、誰が何を計算（証明）しているのかが決定的に重要になってくる。

このような「視点」の問題は、19世紀までの科学や数学では、あまり強く意識されなかった。

今でも、科学や数学は「客観的」だといわれることが多いが、客観的とは、「視点によらずに同じ結果が出る」ということだ。それは、19世紀までの常識であり、20世紀以降の科学や数学には通用しない。

では、20世紀以降の科学や数学は「主観的」なのかといえば、もちろん、そんなことはない。主観的に結果がちがってきてしまえば、それは科学や数学の名に値しない。

客観の意味が変わったのである。

この状況を哲学用語では間《かん》主観性とか共同主観性と呼ぶ。また、メタな視点という意味では、特殊相対性理論における「ローレンツ変換」や不完全性定理における「超数学」の手法は、みな同じ「高み」に登っているのだといえる。

視点の重要性を理解するのは大変だ。視点の移動は難しい。幼子は、自分が知っていることと他人が知っていることの区別がつかない。お姉さんがトイレに行っている間にお母さんが冷蔵庫のお菓子を戸棚に移してしまった。そこにお姉さんが戻ってきて、冷蔵庫をあけて「あれ、お菓子がないよ」と叫ぶ。幼子は、お姉さんの行動が理解できないから笑う。だって、お菓子は戸棚にあるんだもん。なんでお姉さんは冷蔵庫を探しているんだろう。

幼子は、自分の視点からの情報とお姉さんの視点からの情報の「変換」ができないのだ。幼子は主観的な視点でしか世界をとらえることができない。「お姉さんの視点では、お菓子が戸棚に移されたことはわからない」ということが理解できない。

3ワカランを前にして、多くの人が陥るのは、お姉さんの視点に立って世界を見ることができない幼子と同じ困惑状況なのだ。

ゲーデルの凄さは、数学者という視点で算術を含むシステムを見渡しながら、その視点を「算術を含むシステム」の中に移動、変換してしまったところにある。

人間の脳の働きは未解明なので、算数と脳を含んだシステムについて厳密に論理的に語ることはできない。算術について厳密に語ることはできるが、算術は脳みたいに言葉をしゃべらないから、「〜が証明できる」という脳の考えは表現できない……ように思われるが、ゲーデルは、ゲーデル数という翻訳装置を武器に、「私は証明できない」を算術レベルに埋め込んでしまった。見事な視点の移動というよりほかない。

■不完全性定理と脳と宇宙

そもそもゲーデルの定理は何を語っているのだろうか。

よくある誤解は、人間は数学における真実を完全には解明できない、という主張だ。無論、そんなことはない。ゲーデルが証明したのは、数学の「ある理論」、いいかえると、あるシステムにおいて、そのシステム内では、真だけれども証明できない数式がある、ということであり、システムの外にいる人間については、何も語ってはいない。

もちろん、人間の脳をひとつのシステムとみなし、それが算術を含む計算をおこなっていることが証明できるなら、ゲーデルの定理に支配されるだろう。人間の脳の計算モデルとして考えられたニューラルネットワークは、コンピュータでシミュレーションができる。ということは、チューリング機械として記述できるわけで、ゲーデルの定理やチューリングの定理の範囲内ということになるのかもしれない。だが、実際の脳ミソの働きはニューラルネットワークより幅広いので、なんともいえない。

また、この宇宙全体をひとつのシステムとみなし、あらゆる物理現象の背後に「計算」が存在する、と仮定して、ゲーデルの定理やチューリングの定理を当てはめることも可能だろう。しかし、最近の物理学では多宇宙の存在がふつうに論じられている。それは厳密に形式的に論じられているわけではない。だから、この宇宙内では証明できない物理法則（?）があるとしても、それを別の宇宙から見ている観測者がその物理法則を「あの宇宙ではこんな物理法則がなりたっている」と証明することは可能だろう。

いや、すでに「妄想」がハイレベルな領域に達しているなぁ（笑）。

ヒルベルトの壮大な計画には、「物理学の公理化」も含まれていた。私がカナダの大学院で哲学を勉強していたとき、師匠だったマリオ・ブンゲは、もともと物理学者から哲学者に転じた人で、物理学の公理化を推進していた。私が知る限り、相対性理論や量子力学には公理化の試みがあるし、量子場の理論でもワイトマンの公理系というのがある。だが、現実の宇宙を記述するワインバーグ＝サラム理論などは公理化されていないようだ。あと、熱力学は、ある意味、最初から公理系と考えてもかまわない。

物理学者たちは、いまだに宇宙の究極理論を探し続けている。超ひも理論に代表される量子重力理論の系譜である。だが、究極理論は完成していないので、無論、公理化などできない。逆に、物理学の公理化から、ひとつの定理として、

妄想予想　この宇宙という名の計算システム内で究極理論を完成させることは不可能である

などと証明できたら素敵なのだが、無論、私の妄想予想にすぎない（笑）。

◆第4章まとめ

・チャイティンはチューリングの停止問題を追究し、停止確率Ωを計算した。
・Ωは完全にランダムな数である。
・様相論理から派生した証明可能性論理はゲーデルの第2不完全性定理の証明に適している。
・様相論理の並行宇宙と物理学の並行宇宙に直接の関係はない。
・不完全性定理と不確定性原理に直接の関係はない。
・理論物理学は一部しか公理化されていない。
・物理学が不完全性定理によって影響を受けるかどうかについては、さまざまな意見がある。

エピローグ「とあるサイエンス作家のゲーデル遍歴」

一口にゲーデルの定理といっても、数学科で数理論理学を専門的に研究している教授と、コンピュータ科学科の授業とでは、ゲーデルの定理に対するアプローチも大きく異なる。

そりゃそうだ。紙と鉛筆と数学頭脳で理解するのと、コンピュータとプログラマー頭脳で理解するのとでは、道具も違えば思考方式も違う。

また、ゲーデルの定理は「文系」の哲学科でも、論理学を専攻する人々が研究していて、彼らのアプローチも、数学科とはかなり異なる。そうやって、さまざまな理解の仕方や説明の仕方があるなかで、われわれ「一般人」がゲーデルの定理を理解するには、どうしたらいいのか。

科学者も数学者も嫌う「比喩」がその答えである。「そのもの」を説明して理解してもらえるのは専門家と（授業を取っている）学生だけである。われわれにはどうしても比喩が必要だ。私自身にとって、ゲーデルの不完全性定理の「比喩」は、チューリングの停止問題だった。同じ中身なのに外見はまったく違う。プログラミングが苦手な論理学者は、逆にチューリングを理解するための「比喩」としてゲーデルを使うのかもしれない。

人それぞれ。なにがわかりやすく、なにがワカランのか、統一基準など存在しない。

私が数理論理学の専門家から受けたゲーデルの定理の授業は、今から30年ほど昔まで遡る。難波完爾先生と本橋信義先生が、（当時私が在籍していた）東大教養学科・科学史科学哲学分科で「数学基礎論」の講義をしてくれたのだ。

難波先生の授業は数学科と同じ調子で進んだので、アタマの悪い私にはチンプンカンプンだったが、いまだに先生の教科書（『集合論』サイエンス社）は私の本棚に鎮座している。

本橋信義先生の授業は、言葉の定義がもの凄く多かった印象がある。『今度こそわかる　ゲーデル不完全性定理』（講談社）は、先生独自の視点から、命題と条件を区別し、「新しい論理学」を提唱している。今にして思えば、30年前の駒場の薄暗い教室での授業に、新しい論理学の萌芽があったのだろう。

クワインの『論理学の方法』を翻訳した中村秀吉、大森荘蔵、藤村龍雄の三先生のうち、大森先生にはウィトゲンシュタインの『青色本』の講読で教えを受けたが、先生の引退の年に私が科学史科学哲学分科に入ったため、もはや論理学の授業を受けられなかったのが残念であった。藤村先生の授業は受けた。あるとき日本橋の丸善でゲーデルの定理を解説した薄っぺらい洋書を見ていたら、藤村先生がぶらりとやってきて「そういうの困るんだよなぁ」と呟いて、そのまま去って行った。私が手にしていた本のように端折《はしょ》った解説をされると、ゲーデルの定理が誤解されて困る、というような意味だったように思う。その本は、本当に薄っぺらくて、たしか100ページに満たないものだった気がする。証明の道筋が（驚くべきことに）フローチャートで示されていて、個人的にはわかりやすかった気がするが、先生の困った顔が脳裏に浮かび、こういうわかり方はいけないのではないかと、不思議な罪悪感にとらわれた（笑）。これまた不思議なことに、この小冊子が、鎌倉の自分の書斎をいくら探してもみつからないのである。あの本はいったいなんだったのだろう。

私は基本的に哲学と物理学の間を行ったり来たりしていて、マギル大学では最初、論理学者のストース・マッコール先生のもとで「物理学基礎論」みたいなことを勉強していた（94ページに出てきた講師は別の人である）。マッコール先生にもゲーデルの定理を教わったが、御本人が教科書を書いていたらしく、タイプライターで打ったプリントをたくさんもらった。英語で学ぶと、専門用語の語源に対する理解が深まった気がした。マッコール先生は、物理学科と哲学科の境界領域を開拓しようとがんばっていた。

私が物理学科の博士課程に移ってからしばらくして、マッコール先生は、物理学科でセミナーを開いたが、百名近い聴衆（物理学者）から冷笑されただけで終わってしまった。物理学者のほとんどは、ゲーデルの定理にも物理学基礎論（?）にも興味がなかったからである。

あれから20年以上、私はゲーデルやチューリング関係の本を読むことをしなかった。わずかに、チャイティンの本を追っていたくらいだ。

ところが、ブルーバックス編集部の梓沢修さんから不完全性定理の注文が舞い込み、はたと困ってしまった。物理関係なら、なんとか必要な論文を集めて読み込んで、本を書くことは可能だろう。だが、不完全性定理の場合、執筆のスタンスがなかなか定まらなかったのだ。原論文を読む、という立ち位置の本はすでに良書が出ているし、逆に入門に特化した本も何冊か頭に浮かぶ。私が新たに一冊、付け加える意味などあるのか?

1年以上、考えあぐねていたが、結局、いつものような「ニッチ路線」で書くことで落ち着いた。専門家が書く本ではない。専門家や専門家の卵が読む本でもない。一般の科学ファン・数学ファン・哲学ファンのために、サイエンス作家の学習ノートというスタンスで書くべきなのだ。それ以外に私が不完全性定理を書く意味はない。

専門家では絶対にできないような簡略化、説明の省略、比喩が、本書にはたくさん見受けられる。なぜかといえば、この本には、「これまで取り残されていた読者」、「不完全性定理が食わず嫌いだった読者」をこの世界に引きずり込もう、というゆるぎない意図があるからだ。

命題という言葉の使い方は本橋先生に叱られるだろうし、ステップ式は藤村先生に怒られるだろう。集合論もペアノ算術も充分に説明していないし、数と数詞の区別だって補足でちょこっと説明しただけだ。

こういう「ざっくりした」書き方は、学者ではありえないが、サイエンス作家ならできる。そして、このような一見、欠点だらけの本でも、読んだ人々の多くは、「こんな魅惑的な世界があったのだ」と気づき、次に必ず、「まとも」な専門家の書いた教科書や副読本を手に取ってくれるにちがいない。

そう、この本は、より専門的で正確な本への「つなぎ役」なのだ。

冒頭で本書は「超訳みたいなもの」と書いたが、「歴史小説」とも似ている。歴史学者は「正確」な歴史を追究するが、それは一般の人々にはなかなか伝わらない。そこで、歴史学者の研究を下地に「表現」という土俵で勝負するのが歴史小説の書き手たちだ。

サイエンスでも話は同じだ。表現という武器を駆使して、数学者や科学者の正確な論文の内容を一般読者に伝えるのがサイエンス作家の使命だ。歴史小説は歴史学者から「正確じゃない」と批判されることが多い。同様に、数学者や科学者もサイエンス作家の本を非難する。

研究内容が、まったく世間に伝わらず、それゆえ純粋であるのが学者の理想だとするならば、その対極にあるのが作家の理想だ。だから、本書の中身に関して、専門家から、さまざまな批判を浴びることは宿命だと考えている。最近、私は開き直った。それでかまわない。

「なんだ、竹内のやろう、いい加減な説明をしやがって。正確な説明とだいぶちがうじゃねえか！」

専門家による、次のレベルの本へと進んだ読者が、そう毒づいてくれれば、しがないサイエンス作家としては、望外の喜びである。

なお、本書に書いたもの以上の「説明」は、私にはできない。それはもはや、専門家の領域だからである。それゆえ、きわめて例外的だが、この本に関しては、読者からの数学的な質問はお受けできません、あしからず（ただし、誤植の指摘と、しがないサイエンス作家を元気づける感想文は大歓迎です）。

とにもかくにも、最後までお読みくださり、ありがとうございました。またどこかでお目にかかりましょう！

2013年初春　竹内薫

付録1　ベリーのパラドックスと不完全性定理

世の中にはゲーデルの不完全性定理を解説した本がたくさんある。その多くは専門的な教科書で、数学科や哲学科の学生を対象としていて、一般の科学・数学愛好家には、かなり敷居が高い読み物になってしまう。一般向けの解説書もたくさん出ているが、根気よく、集中して、一週間ほどは頑張っても、なかなか不完全性定理の全体像は見えてこない。

あるとき、なかなか根気が続かない私のようなダメ人間にあるとき朗報が届いた。ジョージ・ブーロスというマサチューセッツ工科大学の論理学者が1989年に「A New Proof of the Gödel Incompleteness Theorem」（ゲーデルの不完全性定理の新しい証明）という論文を書いてくれたのだ。それは、たった2ページの、きわめて簡単な証明だった！（論文誌で2ページ。ご本人の自選論文集、つまり単行本では活字が大きくなって6ページ）。

えーと、誤解のないように強調しておきますが、専門論文なので、もちろん、素人が読んですぐに理解できるわけじゃありません。それでも、これまでのどの証明よりも短く、簡潔な証明だった。

ゲーデルの証明のあらすじを紹介したとき、「自己言及」ということを強調した。たしかに嘘つきのパラドックスの「応用」によって不完全性を証明するのであれば、自己言及は欠かせない。そして、自己言及するために用いられたのが、カントール流の対角線論法だった。ところで、なぜゲーデルは「嘘つきのパラドックス」を応用したのだろうか。他のパラドックスの可能性はなかったのだろうか。

実は、ゲーデル自身が不完全性定理の論文で次のように書いている。

「どんな認識論的な自己矛盾でも、同じような証明に用いて、決定不能な命題が存在することが示せる」

つまり、必ずしも嘘つきのパラドックスの応用でなくても、不完全性定理は証明できるというのだ。この何気ない注釈のような言葉を実行したのがブーロスだった。彼は、嘘つきのパラドックスではなく、「ベリーのパラドックス」というものを応用して、不完全性定理を証明してみせた（ただし、ゲーデルと完全に同じことを証明したわけではない、念のため）。

ベリーのパラドックスは次のようなものだ。

「20文字以下で名指しできない最小の自然数」

これのどこがパラドックスかというと、上の記述は20字に収まっているから。20文字以下では名指しできないといっているのに、20字で名指ししてしまっているのだ！ ただし、このバージョンは、正確にはバートランド・ラッセルによる。ラッセルは、オックスフォード大学の司書だったG・G・ベリーからの手紙にあった「最初の順序数」を「最小の自然数」に変えた。この変更は意外に重要で、チャイティンによれば、

「ラッセル版で初めて、あることを規定するのに必要なテキストが、正確にどのくらいの長さか分かります」(『知の限界』18ページ脚注)

ということになる。

さて、「短い証明」に喜んでいた私は、ブーロスが自分の証明についての疑問に答えた「手紙」を読んで愕然とした。「手紙」は元の論文とは別に論文誌に掲載されたが、ブーロスの論文選集『LOGIC, LOGIC, AND LOGIC』では、元の論文のすぐ後に載っている。そこには、

「私の証明を読んだ読者は、ベリーのパラドックスを使ったために証明が短くなったと思っているようだが、そうではない」（『LOGIC, LOGIC, AND LOGIC』387ページ）

という趣旨のことが書いてあったからだ。うん？　そういえばブーロスの論文の題名は「新しい証明」であり「短い証明」ではない。いったい、どういうことだろう？

ブーロスは、自分の証明の新しさは「対角線論法」を用いずに不完全性定理が証明できてしまう点にある、と言う。そして、証明の短さということであれば、ゲーデルの原論文の冒頭にすでに書いてある、というのだ。

「$F([n])$がMの出力であるとき、mがnに適用される、と言うことにする。ただし、$F(x)$はゲーデル数mをもつ公式である。「適用される」を$A(x, y)$であらわし、$\sim A(x, y)$のゲーデル数をnとする。もし、nがnに適用されるならば、偽の言明$\sim A([n], [n])$はMの出力になるが、それは不可能。ゆえにnはnに適用されず$\sim A([n], [n])$は真だがMの出力中にはない」（『LOGIC, LOGIC, AND LOGIC』387ページ）

ただし、この短さは、うわべだけのものであり、適切な公式「$A(x, y)$」を具体的に構築するプロセスこそが厄介なのであり、ブーロス自身の新しい証明でも、似たような公式があり、それを組み立てるのが大変なのだとブーロスは言う。

ちなみに、ここで引用した、ゲーデル自身による短い証明の、ブーロスによる説明は、ゲーデルの原論文の要約なので、さらに短くなっている！

ふう、結論としては、今のところ、画期的に短くてわかりやすいゲーデルの不完全性定理の証明はない、ということで……。

■ブーロスの新しい証明の概略

とはいえ、短くてわかりやすい証明なんて存在しない、で終わりは、身も蓋もないので、ブーロスの証明の概略をご紹介しておく。

以下の証明のあらすじは、論文をそのまま解説したものだが、なかなか日本語の入門書では読めないから、かなり貴重です。そこんとこ、ヨロシク。とにかく論理を理解するのが大変なので、最低3回は、鉛筆片手にじっくり腰を据えて読んでみてください。無理強いしませんが。

ステップ0　Mは、あるアルゴリズムである。そこから算術の偽の言明は出力されないものとする。

ステップ1　自然数nについて、[n]はSSS……SS0をあらわすものとする（ゼロの前にSがn個ある）。

ここでSは「次の数」という意味でペアノ算術の説明のところに出てきた。たとえばSSS0を[3]とあらわすわけだ。略記である。もう一つ定義が必要だ。

ステップ2　$\forall x(F(x) \leftrightarrow x=[n])$という言明がアルゴリズム$M$から出力されるとき、$F(x)$が自然数$n$を「名指しする」(names)という。

これはなんだろう。たとえば、$F(x)$が$x+x=$SSSS0という公式だとする。このとき、すべてのxについて、$x=$SS0なら、$F(x)$という公式は2という自然数を名指ししているわけだ。略記法を使うなら、$F(x)$が$x+x=[4]$という公式だとして、すべてのxについて$x=[2]$であるなら、$F(x)$という公式は自然数2を名指ししている、ということ。

ステップ3　$F(x)$という公式が自然数nを名指ししている場合、この公式は、他の自然数を名指しすることはできない。また、どのような数iについても、i個の文字からなる公式は、たかだか16^i個しか存在しない。ゆえに、どのような数iについても、i個の文字からなる公式は、有限個の自然数しか名指しできない。

16というのは、ペアノ算術で必要とされる文字の数である。公式がi個の記号が並んだものだとすると、その公式の最初の文字は16通りの可能性があり、2番目の文字も16通りの可能性があるので、公式全体としては、16のi乗の可能性がある。もちろん、公式のしょっぱなに「）」、つまり括弧閉じ、が来ることはないので、実際の数はもっと少ない。いずれにせよ、公式の文字列の長さが決まると、その長さの公式の数は有限個であり、なおかつ、一つの公式は一つの自然数しか名指しできないのだから、長さiの公式は、有限個の自然数しか名指しできない。

ええと、一つの公式は一つの自然数しか名指しできない、というのは自明だと思うが、仮にnとpの2つの自然数を名指しできたとすると、$\forall x(F(x) \leftrightarrow x=[n])$ かつ $\forall x(F(x) \leftrightarrow x=[p])$ なので、$[n]=[p]$ となり、nとpは同じ、ということになります。ぜーぜー。

ステップ4　どのような数mについても、m個より短い文字からなる公式は、$(16^{m-1}+16^{m-2}+\cdots\cdots+16^1+16^0)$ 個以下の自然数しか名指しできない。

m個より短いのだから、公式の長さが$m-1$だったら、その公式が名指しできる自然数は、たかだか16^{m-1}個であるし、公式の長さが$m-2$だったら、その公式が名指しできる自然数は、たかだか16^{m-2}個であるし、……、公式の長さが1だったら、その公式が名指しできる自然数は、たかだか16個であるし、公式の長さが0だったら、その公式が名指しできる自然数は、たかだか1個である。あくまでも「たかだか」であることに注意。結局、公式がmより短い記号列であるならば、その公式は、$(16^{m-1}+16^{m-2}+\cdots\cdots+16^{1}+16^{0})$個以下の自然数しか名指しできない。

ステップ5 ということは、m個より短い文字からなる公式では名指しできない自然数が存在する。したがって、m個より短い文字からなる公式では名指しできない「最小」の自然数が存在する。

これはステップ4までの論理をきちんと追えば問題ないだろう。公式の長さが決まると、名指しできない自然数が出てきて、その自然数のうち、最も小さいものが存在する、ということである。

ステップ6 $C(x, z)$は算術言語の公式で、「長さzの公式のうちのどれかが、自然数xを名指ししている」という意味をもつとしよう。

ステップ7 $B(x,y)$を「長さがyより短い公式のうちのどれかが、自然数xを名指ししている」という意味の公式だとする。すなわち、$B(x,y) = \exists z((z < y) \land C(x, z))$

ステップ6と7のちがいは、公式の長さである。公式の長さが決まっているのか、それとも、ある数値より短いのか。

ステップ8 $A(x,y)$を「xは、長さがyより短い公式では名指しできない最小の自然数である」という意味の公式だとする。すなわち、$A(x,y) = \sim B(x,y) \land \forall a(a < x \rightarrow B(a, y))$

ステップ9 $A(x, y)$という公式の長さをkとしよう（$k>3$であることに注意）。

ステップ10 $F(x)$を「xは、長さが$10k$より短い公式では名指しできない最小の自然数である」という意味の公式だとする。すなわち、$F(x) = \exists y(y = ([10] \times [k]) \land A(x, y))$

[ステップ11] さてさて、$F(x)$の文字数はいかに？　（答え：$2k+24$ 個）

これはじっくり数えないといけない。まず、[10] は SSSSSSSSSS0 の略記だったから、文字数は11個。同様にして、[k]の文字数は$(k+1)$ 個。$A(x, y)$の長さはk、つまり文字数はk個。$F(x)$にはその他にも12個の文字が含まれている。ええと、変数としては、x、y、z、……が使われるが、ペアノ算術では、yは略記で実際はx'、zも略記で実際はx''などとなっている（ちょうど [2] が SS0 の略記であるのと同じ）。だから、$\exists, x, ', (, x, ', =, (, \times,), \wedge,)$ の12個という勘定になる。ぜいぜいぜい。

まとめると、$F(x)$の文字数は $11+(k+1)+k+12=2k+24$ 個 ということになる！

[ステップ12] $k>3$ なので $2k+24<10k$ がなりたつ。すなわち$F(x)$に含まれる文字数は$10k$より少ない。

$2k+24<10k$ がなりたつことは、少々変形してみれば納得がいくだろう。$2k$を移項すれば、$24<8k$、つまり $3<k$ である。

ステップ13 ステップ5で「m個より短い文字からなる公式では名指しできない「最小」の自然数が存在する」ことがわかった。$m=10k$ のとき、その最小の自然数をnとしよう。すると、nは公式$F(x)$では名指しできない。いいかえると、$\forall x(F(x)\leftrightarrow x=[n])$ はアルゴリズムMの出力にはない。

ステップ14 しかし、$\forall x(F(x)\leftrightarrow x=[n])$ は真である。なぜなら、nは「$10k$個より短い文字からなる公式では名指しできない『最小』の自然数」であることはまちがいないのだから。

ステップ15 以上で、真だけれどアルゴリズムMの出力には存在しない $\forall x(F(x)\leftrightarrow x=[n])$という文が発見できた！

どへ〜、なんだかゲーデルの証明の「あらすじ」よりも長かったゾ（汗）。

付録2 「竹内流ゲーデル教程」(ええと、ようするに読書案内です)

○は超オススメ
●は本書で大いに参考にさせてもらった本

いきなり趣味の話で恐縮だが、クラシックピアノは、「子供のバイエル」の後は「バイエル」、その後は「チェルニー30番」、という具合にレベル別に定番の教本が決まっている。ピアノがうまくなりたい人は、この教本の階段を順番に上っていくことになる。

だが、途中から「ワタシはジャズがやりたい!」と、クラシックから飛び出て、自由な即興演奏を楽しむ人もいる。

科学や数学の勉強もピアノの修業と同じで、入門書に始まり、大学レベルの教科書を経て、それから古典から現代までの論文を読んで、最後は自分のスタイルを確立していくことになる。

ゲーデルの定理を深めるのがクラシックピアノだとしたら、チューリング流の計算可能性の問題へと入っていく人がジャズピアニストという感じだろうか。

以下、私が触れたことのある本を短評を交えてご紹介するが、私はあくまでもサイエンス作家なので、クラシックピアノでいえばバイエルとチェルニー30番を修了した程度のレベルまでしかご案内できません。そこんとこ、ヨロシク。

さて、なんといっても最初の最初に読むべきゲーデル本は、

●『ゲーデルは何を証明したか――数学から超数学へ』(E・ナーゲル、J・ニューマン著、林一訳、白揚社)

だろう。この本は、ゲーデルの不完全性定理に興味がある人は必ず読んでいる。もともとサイエンティフィク・アメリカンに掲載された記事が元になっている。

次に何を読むべきかは迷うところだが、個人的には

○『ゲーデルの謎を解く』(林晋著、岩波科学ライブラリー)

を推したい。私も不完全性定理を広く理解してもらいたくて悪戦苦闘したが、この本は、アカデミックな足場を堅持しながら随所に工夫のあとが見られ、素直に脱帽。サイエンス作家が描いたゲーデルの毒気を抜くために一読をオススメする。

パズルを解きながらゲーデルの定理が理解できるユニークな本が、

●『決定不能の論理パズル　ゲーデルの定理と様相論理』(レイモンド・スマリヤン著、長尾確、田中朋之訳、白揚社)。

現代数学全般について、頭にガツーンと衝撃を与えてくれるのが、

●『はじめての現代数学』（瀬山士郎著、ハヤカワ・ノンフィクション文庫）。

もともと講談社現代新書で出版され、長らく絶版になっていたが、嬉しい復刊である。第2章と第4章は、無限とゲーデルの話になっていて、とてもわかりやすい。本書でも大いに参考にさせていただいた。

比較的新しい翻訳書になるが、

『史上最大の発明　アルゴリズム　現代社会を造りあげた根本原理』（デイヴィッド・バーリンスキ著、林大訳、ハヤカワ・ノンフィクション文庫）

の6章と9章がゲーデルとチューリングに当てられているが、すらすら読めて面白い。

次に、基礎的な数理論理学（記号論理学）の教科書をあげておこう。

『論理学の方法　原書第3版』（W・クワイン著、中村秀吉、大森荘蔵、藤村龍雄訳、岩波書店）

は、一昔前の哲学科の学生が使っていた標準的な教科書。クワインは論理学の巨人で、本書の微小説でご紹介した「クワイン化」でも有名だ。私はたまたま英語の原書を買って勉強したが、初めて記号論理の世界に触れる人にオススメの教科書である。ただし、独学よりは、友人たちと輪読するほうがいいかもしれない。それなりに骨のある本だから。

『論理学』（野矢茂樹著、東京大学出版会）

は、標準的な教科書としてオススメできる。ゲーデルの不完全性定理の証明はクワインの本より、こちらのほうがきちんと書いてある。

英語の教科書になるが、私がカナダに留学して、哲学科で頭の堅い教授どもと戦っていた（笑）ときに、授業で使っていた教科書が

●『THE LOGIC BOOK』（MERRIE BERGMANN, JAMES MOOR, JACK NELSON, RANDOM HOUSE）。

非常に使いやすい記号論理学の教科書で、とにかく練習問題が多い。練習問題の解法は、別の小冊子として売られている。

これまた古くて恐縮だが、

『新版　現代論理学』（坂本百大、坂井秀寿著、東海大学出版会）

も、昔、私が使った教科書だ。わかりやすいのであげておく。

どこかの時点で「原典」にあたるのも一つの手である。ゲーデルであれば、本書でも大いに大いに参考にさせていただいた

●『ゲーデルの世界　完全性定理と不完全性定理』（廣瀬健、横田一正著、海鳴社）

の巻末にゲーデルの1931年の論文の訳がある。副題にあるとおり、完全性定理も勉強できる。この本は、ゲーデルをきちんと勉強したい人のために強く強くオススメしたい。

不完全性定理の論文を日本語で読みたい人は、それ以外に

『原典解題　ゲーデルに挑む　証明不可能なことの証明』（田中一之著、東京大学出版会）

『ゲーデル　不完全性定理』（林晋、八杉満利子訳・解説、岩波文庫）

というオプションがある。

また、チューリングの原論文は、

○『チューリングを読む　コンピュータサイエンスの金字塔を楽しもう』（チャールズ・ペゾルド著、井田哲雄、鈴木大郎、奥居哲、浜名誠、山田俊行訳、日経BP社）

が決定版だと思う。

グレゴリー・チャイティンが書いたものとしては、英語だが

『Algorithmic information theory』（G. J. Chaitin, Cambridge University Press）

がある。また、

●『知の限界』（G・チャイティン著、黒川利明訳、エスアイビー・アクセス）

●『メタマス！　オメガをめぐる数学の冒険』（グレゴリー・チャイティン著、黒川利明訳、白揚社）

もあげておく。本書では日経サイエンス2006年6月号の

●「ゲーデルを超えて　オメガ数が示す数学の限界」（G・チャイティン）を参考にさせていただいた。

ジョージ・ブーロスの論文集

●『LOGIC, LOGIC, AND LOGIC』（GEORGE BOOLOS, Harvard University Press）から、本書では26番目の「A New Proof of the Gödel Incompleteness Theorem」および30番目の「Gödel's Second Incompleteness Theorem Explained in Words of One Syllable」を引用したが、巻末には証明可能性論理の簡潔なまとめが載っていて便利だ。また、スマリヤンのパズルの延長では、29番目の「The Hardest Logical Puzzle Ever」、そして、クワイン化とのからみでは28番目の「Quotational Ambiguity」なども面白い。

集合論について、本書ではきちんと触れることができなかった。私が初めて読んだ素朴集合論の教科書は

○『新版　集合論』（辻正次著、小松勇作改訂、共立出版）だったが、現代数学への入門として、今でもオススメできる。

集合論の入門は
『現代集合論入門　増補版』（竹内外史著、日本評論社）
と、さらに敷居の低い
『新装版　集合とはなにか―はじめて学ぶ人のために』（竹内外史著、講談社ブルーバックス）
をあげておく。
私が読んだ（あえて読破したとはいわない）集合論の本で非常に歯ごたえがあったのが、
『集合論』（難波完爾著、サイエンス社）。
これは、集合論を一度きちんと勉強した人が読む本だと思うが、直観的な図版がたくさん載っていて、個人的に好きな本である（しつこいようだが私は読破しておりませんが）。

数学基礎論全般の歴史的な入門書では、私が大学時代に輪読で使った
『数学基礎論序説』（R・ワイルダー著、吉田洋一訳、培風館）
がある。少々、分厚いのが難だが、読みやすい。
● 『数学基礎論入門』（R・グッドステイン著、赤攝也訳、培風館）
も、数学基礎論を歴史的に追った本で、コンパクトにまとまっている好著。5章の「帰納的関数」、6章の「形式化された自然数論」のあたりを集中的に読むだけでも理解が大きく進む。こ

の本は個人的に因縁のある本で、本書の執筆のために参考にしようとしたが、なぜか本棚に見当たらない。古本は高いので（3分の1の値段ということで）、アメリカに原書の古本を注文した。ところが、待てど暮らせど到着しない（アメリカの郵便システムは不完全きわまりない。注文した品が着かなかったのは、ここ数年で3回目である）。〆切に間に合わないので、あきらめて、日本の古本屋で注文したが9000円もとられた（汗）逆にいうと、それほど思い入れのある本ということでもある。いやはや。

本文でも触れたが、

●『MATHEMATICAL LOGIC』（S. C. Kleene, JOHN WILEY & SONS）

は記述がていねいで入門に最適の本である。Doverのリプリント版が今でも手に入る。

不完全性定理の新しい教科書としては、

●『今度こそわかる　ゲーデル不完全性定理』（本橋信義著、講談社）

をあげておく。個性的な本だが、一読の価値あり。

ちなみに、本橋先生の授業は、科学史科学哲学を専攻している数名の学生に向けたものだったが、当然、ゲーデルの不完全性定理の証明も教わった。単位取得の条件は、授業にすべて出席して、きちんとノートを取り、そのノートを提出することであった。「いま、教科書を書いているんだよ」と先生は言っていた。講義ノートを教科書の参考にしつつ、学生の成績も決められる。一石二鳥とはこのことだ。

私は皆勤し、きちんとノートも取ったが、なぜか、ノートは提出せず、単位をもらわなかった。あの心境はなんだったのだろう。理解度の低さを先生に知られるのが嫌だったのか、それとも、自筆のノートに愛着があったのか。本当の理由は忘れてしまったが、案外、「もう卒業単位は足りている」というようなことだったのかもしれない。今から考えると、先生は教科書を書いていたのだから、学生がノートを出さなかったら迷惑だったろう。青春の思い出である。

●『ゲーデルの定理　利用と誤用の不完全ガイド』（T・フランセーン著、田中一之訳、みすず書房）

は、一度、不完全性定理を勉強した人が振り返るのに最適な本。

ここまでで触れなかったが、最後に、どうしてもあげておかないといけない本を列挙しておく（失礼！）。

○『無限の話』（J・バロウ著、松浦俊輔訳、青土社）↑第3章に無限ホテルの詳しい話が出ている。

『数学ガール　ゲーデルの不完全性定理』（結城浩著、ソフトバンククリエイティブ）

●『計算可能性・計算の複雑さ入門』（渡辺治著、近代科学社）↑原始帰納的、一般帰納的という概念が、プログラムのFor〜Next文、While〜Wend文に相当することから始まり、計算量の問題がわかりやすく書かれている。そもそも、ゲーデルやチューリングの発見は、計算可能性の問題の「原点」であり、実際問題としては、計算にどれくらいの時間がかかるか、が焦点となるわけだ。

『甦るチューリング　コンピュータ科学に残された夢』（星野力著、ＮＴＴ出版）

『ゲーデルの哲学　不完全性定理と神の存在論』（高橋昌一郎著、講談社現代新書）

○『ゲーデル、エッシャー、バッハ　あるいは不思議の環』（D・ホフスタッター著、野崎昭弘、はやし・はじめ、柳瀬尚紀訳、白揚社）↑ピューリッツァー賞を受賞した名著。古本で買う場合、邦訳の初版は記号の誤植が多いので注意が必要だが、それでも読む価値あり。

『不完全性定理　数学的体系のあゆみ』（野崎昭弘著、ちくま学芸文庫）

『Gödel's Incompleteness Theorems』（RAYMOND M. SMULLYAN, OXFORD University Press）

『ゲーデル・不完全性定理　〝理性の限界〟の発見』（吉永良正著、講談社ブルーバックス）

以上で竹内流のゲーデル教程は終わりである。読者諸氏は、精進されたし。

謝辞

間中千元さん、武藤雅基さん、平野直人さん、真鍋友則さんには、数学、計算機科学、一般読者の目線から、原稿のわかりにくい点や事実誤認など、有益なご指摘をいただきました。ブルーバックス編集部のみなさん、特に担当編集者の梓沢修さんには、本書の企画から出版まで、無限といっていいほどのお世話になりました。ここに記して深く感謝します。

あ、パソコンがフリーズしちゃった！

【や行】

【ら行】

【な行】

【は行】

【ま行】

【た行】

【さ行】

さくいん

N.D.C.410.9　246p　18cm

ブルーバックス　B-1810

不《ふ》完《かん》全《ぜん》性《せい》定《てい》理《り》とはなにか
ゲーデルとチューリングの考えたこと

2013年4月20日　第1刷発行
2013年5月13日　第2刷発行

著者　竹内《たけうち》　薫《かおる》
発行者　鈴木　哲
発行所　株式会社講談社
〒112-8001　東京都文京区音羽2-12-21
電話　出版部　03-5395-3524
販売部　03-5395-5817
業務部　03-5395-3615
印刷所　(本文印刷) 慶昌堂印刷株式会社
(カバー表紙印刷) 信毎書籍印刷株式会社
製本所　株式会社国宝社

ISBN978-4-06-257810-3

発刊のことば

科学をあなたのポケットに

二十世紀最大の特色は、それが科学時代であるということです。科学は日に日に進歩を続け、止まるところを知りません。ひと昔前の夢物語もどんどん現実化しており、今やわれわれの生活のすべてが、科学によってゆり動かされているといっても過言ではないでしょう。

そのような背景を考えれば、学者や学生はもちろん、産業人も、セールスマンも、ジャーナリストも、家庭の主婦も、みんなが科学を知らなければ、時代の流れに逆らうことになるでしょう。

ブルーバックス発刊の意義と必然性はそこにあります。このシリーズは、読む人に科学的に物を考える習慣と、科学的に物を見る目を養っていただくことを最大の目標にしています。そのためには、単に原理や法則の解説に終始するのではなくて、政治や経済など、社会科学や人文科学にも関連させて、広い視野から問題を追究していきます。科学はむずかしいという先入観を改める表現と構成、それも類書にないブルーバックスの特色であると信じます。

一九六三年九月　野間省一